全国计算机等级考试系列教程

二级WPS Office高级应用与设计学习教程

翁　彧　超木日力格　刘　征◎主　编

中国铁道出版社有限公司
CHINA RAILWAY PUBLISHING HOUSE CO., LTD.

内 容 简 介

本书是按照教育部教育考试院发布的 2023 版考试大纲和指定教材编写而成的，共分 3 章：第 1 章为公共基础知识试题（共 180 道选择题），第 2 章为 WPS Office 高级应用与设计选择题（共 100 道选择题），第 3 章为 WPS Office 高级应用与设计上机操作题（共 30 道操作题）。

本书紧扣 2023 版全国计算机等级考试大纲，汇集大量试题及详细解析，凝聚编者数年的教学心得和经验，适合作为全国计算机等级考试培训和自学用书，尤其适用于考生在等级考试前冲刺使用。

图书在版编目（CIP）数据

二级WPS Office高级应用与设计学习教程/翁彧，超木日力格，刘征主编. —北京：中国铁道出版社有限公司，2023. 8

全国计算机等级考试系列教程

ISBN 978-7-113-29987-3

Ⅰ. ①二… Ⅱ. ①翁… ②超… ③刘… Ⅲ. ①办公自动化-应用软件-水平考试-教材 Ⅳ. ①TP317. 1

中国国家版本馆CIP数据核字(2023) 第032764号

书　　名：二级 WPS Office 高级应用与设计学习教程

作　　者：翁　彧　超木日力格　刘　征

策　　划：魏　娜　　　　**编辑部电话：**（010）51873202

责任编辑：刘丽丽　张　彤

封面设计：郑春鹏

责任校对：刘　畅

责任印制：樊启鹏

出版发行：中国铁道出版社有限公司（100054，北京市西城区右安门西街8号）

网　　址：http://www.tdpress.com/51eds/

印　　刷：北京市泰锐印刷有限责任公司

版　　次：2023年8月第1版　2023年8月第1次印刷

开　　本：787 mm×1 092 mm　1/16　**印张：**9.5　**字数：**226千

书　　号：ISBN 978-7-113-29987-3

定　　价：45.00元

前　言

从 2021 年开始，教育部教育考试院正式把国产办公软件 WPS Office 作为全国计算机等级考试（National Computer Rank Examination，NCRE）的二级考试科目之一。“二级 WPS Office 高级应用与设计”考试时长为 120 分钟，满分为 100 分。题型及分值如下：单项选择题 20 分（含公共基础知识部分 10 分）、操作题 80 分（包括 WPS 文字、WPS 表格及 WPS 演示）。考试环境为 WPS 教育考试专用版。

为了更好地服务考生，引导考生尽快掌握计算机的先进技术，并顺利通过计算机等级考试，编者结合 2023 版全国计算机等级考试大纲，特意编写了本书。本书共分 3 章：第 1 章为公共基础知识试题（共 180 道选择题），第 2 章为 WPS Office 高级应用与设计选择题（共 100 道选择题），第 3 章为 WPS Office 高级应用与设计上机操作题（共 30 道操作题）。

本书具有如下特点：

① 紧扣全国计算机等级考试大纲。本书是按照教育部教育考试院发布的 2023 版考试大纲和指定教材编写的。

② 汇集大量选择题和上机操作题。本书共有 280 道选择题和 30 道上机操作题，每道题均给出了详细的解析，便于考生掌握考点、解题思路，以达到举一反三、触类旁通之目的。

③ 凝聚编者数年教学心得和经验。本书的编写人员是多年从事高校计算机基础教学和等级考试培训的优秀教师，具有扎实的理论知识、丰富的教学经验和培训经验，培训的学员超过万人。

④ 适合参加计算机等级考试的考生和培训班选用。本书主要是为准备参加全国计算机等级考试（二级 WPS Office 高级应用与设计）的考生编写的，同时也可作为高等院校、成人高等教育及相关培训班的练习题和考试题使用。

本书由翁彧、超木日力格、刘征主编，赵洪帅参与了编写。书中所用到的素材，可从中国铁道出版社有限公司教育资源网站（http://www.tdpress.com/51eds）免费下载。

由于编者水平有限，书中难免存在疏漏和不足之处，恳请广大读者批评指正，以便进一步修订完善。

编　者

2023 年 5 月

目 录

第 1 章　公共基础知识试题

（共 180 道选择题）

1.1　公共基础知识试题（1）

1.1.1　公共基础知识试题

1. 计算机完成一条指令所花费的时间称为一个（　　）。

A. 执行时序　　B. 存取周期　　C. 执行速度　　D. 指令周期

2. 以下数据结构中不属于线性数据结构的是（　　）。

A. 队列　　B. 线性表　　C. 二叉树　　D. 栈

3. 在一棵二叉树上第 5 层的结点数最多是（　　）个。

A. 8　　B. 16　　C. 32　　D. 15

4. 下面描述中，符合结构化程序设计风格的是（　　）。

A. 使用顺序、选择和重复（循环）三种基本控制结构表示程序的控制逻辑

B. 模块只有一个入口，可以有多个出口

C. 注重提高程序的执行效率

D. 不使用 goto 语句

5. 下面概念中，不属于面向对象方法的是（　　）。

A. 对象　　B. 继承　　C. 类　　D. 过程调用

6. 在结构化方法中，用数据流图（DFD）作为描述工具的软件开发阶段是（　　）。

A. 可行性分析　　B. 需求分析　　C. 详细设计　　D. 程序编码

7. 在软件开发中，下面任务不属于设计阶段的是（　　）。

A. 数据结构设计　　B. 给出系统模块结构

C. 定义模块算法　　D. 定义需求并建立系统模型

8. 数据库系统的核心是（　　）。

A. 数据模型　　B. 数据库管理系统

C. 软件工具　　D. 数据库

9. 下列叙述中正确的是（　　）。

A. 数据库系统是一个独立的系统，不需要操作系统的支持

B. 数据库设计是指设计数据库管理系统

C. 数据库技术的根本目标是要解决数据共享的问题

D. 数据库系统中，数据的物理结构必须与逻辑结构一致

10. 下列模式中，能够给出数据库物理存储结构与物理存取方法的是（　　）。

A. 内模式　　B. 外模式　　C. 概念模式　　D. 逻辑模式

1.1.2　公共基础知识试题答案和解析

1. 【答案】　D

【解析】一般把计算机完成一条指令所花费的时间称为一个指令周期。指令周期越短，指令执行就越快。

2. 【答案】　C

【解析】一个非空的数据结构如果满足下列三个条件则称为线性结构：①有且只有一个根结点。②每一个结点最多有一个前件，也最多有一个后件。③在一个线性结构中插入或删除任何一个结点后还应该是线性结构。栈、队列和线性表属于线性结构，而二叉树属于非线性结构。

3. 【答案】　B

【解析】根据二叉树的性质 1：在二叉树的第 k 层上，最多有 2^{k-1}（$k \geq 1$）个结点。故第 5 层的结点数最多为 $2^{5-1}=16$ 个。

4. 【答案】　A

【解析】模块只有一个入口，也只有一个出口，故选项 B 是错误的。结构化程序设计风格中注重清晰第一、效率第二，故选项 C 是错误的。结构化程序设计风格中避免使用 goto 语句，不是不使用，故选项 D 也是错误的。使用顺序、选择和重复（循环）三种基本控制结构表示程序的控制逻辑的说法是正确的，因此本题答案为 A。

5. 【答案】　D

【解析】对象、继承和类都是属于面向对象方法，而过程调用属于面向过程方法。

6. 【答案】　B

【解析】数据流图（DFD）：描述数据处理过程的工具，是需求理解的逻辑模型的图形表示，它直接支持系统功能建模。数据流图（DFD）是需求分析阶段所使用的工具。

7. 【答案】　D

【解析】定义需求并建立系统模型，是属于需求分析阶段的任务。所以本题答案为 D。

8. 【答案】　B

【解析】本题考查的是数据库系统的基本概念和知识。数据库系统是由数据库（数据）、数据库管理系统（软件）、数据库管理员（人员）、硬件平台（硬件）和软件平台（软件）五个部分构成的运行实体。其中，数据库管理系统是一种系统软件，负责数据库中的数据组织、数据操纵、数据维护、控制及保护以及数据服务等，是数据库系统的核心。

9. 【答案】　C

【解析】数据库技术的主要目的是有效地管理和存储大量的数据资源，包括：提高数据的共享性，使多个用户能够同时访问数据库中的数据；减少数据冗余，以提高数据的一致性和完整性；提高数据与程序的独立性，从而减少应用程序的开发和维护代价。数据库技术的根本目标是要解决数据共享的问题。

10. 【答案】　A

【解析】数据库系统的三级模式结构是指数据库系统是由模式、外模式和内模式三级构成的。

① 模式：又称逻辑模式或概念模式，是数据库中全体数据的逻辑结构和特征的描述，

是所有用户的公共数据视图。

模式实际上是数据库数据在逻辑级上的视图。一个数据库只有一个模式。定义模式时不仅要定义数据的逻辑结构，而且要定义数据之间的联系，定义与数据有关的安全性、完整性要求。

② 外模式：又称用户模式，是数据库用户能够看见和使用的局部数据的逻辑结构和特征的描述，是数据库用户的数据视图，是与某一应用有关的数据的逻辑表示。外模式通常是模式的子集。一个数据库可以有多个外模式。应用程序都是和外模式打交道。外模式是保证数据库安全性的一个有力措施。每位用户只能看见和访问所对应的外模式中的数据，数据库中的其余数据对他们是不可见的。

③ 内模式：又称存储模式，是数据物理结构和存储方式的描述，是数据在数据库内部的表示方式。例如，记录的存储方式是顺序结构存储还是树结构存储；索引按什么方式组织；数据是否压缩，是否加密；数据的存储记录结构有何规定等。一个数据库只有一个内模式。

因此，能够给出数据库物理存储结构与物理存取方法的是内模式。

1.2　公共基础知识试题（2）

1.2.1　公共基础知识试题

1．顺序程序不具有（　　）。

A．顺序性　　B．并发性

C．封闭性　　D．可再现性

2．数据的存储结构是指（　　）。

A．存储在外存中的数据

B．数据所占的存储空间量

C．数据在计算机中的顺序存储方式

D．数据的逻辑结构在计算机中的表示

3．对于长度为 n 的线性表，在最坏情况下，下列各排序法所对应的比较次数中正确的是（　　）。

A．冒泡排序为 $n/2$　　B．冒泡排序为 n

C．快速排序为 n　　D．快速排序为 $n(n-1)/2$

4．对于长度为 n 的线性表进行顺序查找，在最坏情况下所需要的比较次数为（　　）。

A．$\log_2 n$　　B．$n/2$　　C．n　　D．$n+1$

5．下列对于线性链表的描述中正确的是（　　）。

A．存储空间不一定连续，且各元素的存储顺序是任意的

B．存储空间不一定连续，且前件元素一定存储在后件元素的前面

C．存储空间必须连续，且前件元素一定存储在后件元素的前面

D．存储空间必须连续，且各元素的存储顺序是任意的

6. 下列对于软件测试的描述中正确的是（　　）。

A. 软件测试的目的是证明程序是否正确

B. 软件测试的目的是使程序运行结果正确

C. 软件测试的目的是尽可能多地发现程序中的错误

D. 软件测试的目的是使程序符合结构化原则

7. 为了使模块尽可能独立，要求（　　）。

A. 模块的内聚程序要尽量高，且各模块间的耦合程度要尽量强

B. 模块的内聚程度要尽量高，且各模块间的耦合程度要尽量弱

C. 模块的内聚程度要尽量低，且各模块间的耦合程度要尽量弱

D. 模块的内聚程度要尽量低，且各模块间的耦合程度要尽量强

8. 下列描述正确的是（　　）。

A. 程序就是软件

B. 软件开发不受计算机系统的限制

C. 软件既是逻辑实体，又是物理实体

D. 软件是程序、数据与相关文档的集合

9. 数据独立性是数据库技术的重要特点之一。所谓数据独立性，是指（　　）。

A. 数据与程序独立存放

B. 不同的数据被存放在不同的文件中

C. 不同的数据只能被对应的应用程序所使用

D. 以上三种说法都不对

10. 用树形结构表示实体之间联系的模型是（　　）。

A. 关系模型　　　　B. 网状模型

C. 层次模型　　　　D. 以上三个都是

1.2.2　公共基础知识试题答案和解析

1. 【答案】 B

【解析】顺序程序具有顺序性、封闭性和可再现性的特点，使得程序设计者能够控制程序执行的过程（包括执行顺序、执行时间），对程序执行的中间结果和状态可以预先估计，这样就可以方便地进行程序的测试和调试。顺序程序不具有并发性。并发性是并发程序的特点。因此，本题答案为 B。

2. 【答案】 D

【解析】数据结构是指相互有关联的数据元素的集合。通俗地说，数据结构是指带有结构的数据元素的集合。因此，所谓结构，实际上就是指数据元素之间的前后件关系。数据的逻辑结构是指反映数据元素之间逻辑关系的数据结构。数据的逻辑结构在计算机存储空间中的存放形式称为数据的存储结构（又称数据的物理结构）。常用的存储结构有顺序、连接、索引等。采用不同的存储结构，其数据处理的效率是不同的。

3. 【答案】 D

【解析】表 1-1 所示为各排序方法在最坏情况下的比较次数。

表 1-1 各排序方法在最坏情况下的比较次数

交换类排序法	冒泡排序法	$n(n-1)/2$
	快速排序法	$n(n-1)/2$
插入类排序法	简单插入排序法	$n(n-1)/2$
	希尔排序法	$O(n^{1.5})$
选择类排序法	简单选择排序法	$n(n-1)/2$
	堆排序法	$O(n\log_2 n)$

4.【答案】 C

【解析】查找技术是指在一个给定的数据结构中查找某个指定的元素，主要有顺序查找和二分法查找。对于长度为 n 的有序线性表，在最坏的情况下，二分法查找只需要比较 $\log_2 n$ 次，而顺序查找需要比较 n 次。

5.【答案】 A

【解析】线性链表是线性表的链式存储结构。数据结构中的每一个结点对应于一个存储单元，这种存储单元称为存储结点，简称结点。结点由两部分组成：①用于存储数据元素值，称为数据域。②用于存放指针，称为指针域，用于指向前一个或后一个结点。在链式存储结构中，存储数据结构的存储空间可以不连续，各数据结点的存储顺序与数据元素之间的逻辑关系可以不一致，而数据元素之间的逻辑关系是由指针域来确定的。

6.【答案】 C

【解析】软件测试的目的是尽可能多地发现程序中的错误。一个好的测试用例是指尽可能找到迄今为止尚未发现错误的用例。一个成功的测试是发现了至今尚未发现的错误的测试。

7.【答案】 B

【解析】衡量软件模块独立性使用内聚性和耦合性两个定性的度量标准。

内聚性：一个模块内部各个元素彼此结合的紧密程度的度量。

耦合性：模块间相互结合的紧密程度的度量。

在程序结构中各模块的内聚性越强，则耦合性越弱。优秀软件应高内聚、低耦合。

8.【答案】 D

【解析】本题考查的是软件的定义。计算机软件是包括程序、数据及相关文档的完整集合。

9.【答案】 D

【解析】数据的独立性是数据与程序间的互不依赖性，即数据库中数据独立于应用程序而不依赖于应用程序。也就是说，数据的逻辑结构、存储结构与存取方式的改变不会影响应用程序。数据独立性包括逻辑独立性和物理独立性两个方面。数据的物理独立性是指数据的存储结构或存取方法的修改不会引起应用程序的修改。数据库总体逻辑结构的改变，如修改数据模式、增加新的数据类型、改变数据间的联系等，不需要修改应用程序，这是数据的逻辑独立性。

10. 【答案】 C

【解析】数据模型就是从现实世界到机器世界的一个中间层次，是数据库管理系统用来表示实体及实体间联系的方法。任何一个数据库管理系统都是基于某种数据模型的。数据库管理系统所支持的数据模型有三种：层次模型、网状模型、关系模型。层次模型用树形结构表示各类实体以及实体之间的联系。网状模型用图结构表示各类实体以及实体之间的联系。关系模型是用二维表来表示实体及实体之间联系的数据模型。

1.3 公共基础知识试题（3）

1.3.1 公共基础知识试题

1. 要使用外存储器中的信息，应先将其调入（　　）。

A. 内存储器　B. 控制器　C. 运算器　D. 微处理器

2. 下列数据结构中，能用二分法进行查找的是（　　）。

A. 顺序存储的有序线性表　B. 线性链表

C. 二叉链表　D. 有序线性链表

3. 下列关于栈的描述正确的是（　　）。

A. 在栈中只能插入元素而不能删除元素

B. 在栈中只能删除元素而不能插入元素

C. 栈是特殊的线性表，只能在一端插入或删除元素

D. 栈是特殊的线性表，只能在一端插入元素，而在另一端删除元素

4. 下列叙述正确的是（　　）。

A. 一个逻辑数据结构只能有一种存储结构

B. 数据的逻辑结构属于线性结构，存储结构属于非线性结构

C. 一个逻辑数据结构可以有多种存储结构，且各种存储结构不影响数据处理的效率

D. 一个逻辑数据结构可以有多种存储结构，且各种存储结构影响数据处理的效率

5. 下列描述正确的是（　　）。

A. 软件工程只是解决软件项目的管理问题

B. 软件工程主要解决软件产品的生产率问题

C. 软件工程的主要思想是强调在软件开发过程中需要应用工程化原则

D. 软件工程只是解决软件开发中的技术问题

6. 在软件设计中，不属于过程设计工具的是（　　）。

A. PDL（过程设计语言）　B. PAD 图

C. N-S 图　D. DFD 图

7. 下列叙述正确的是（　　）。

A. 软件交付使用后还需要进行维护

B. 软件一旦交付使用就不需要再进行维护

C. 软件交付使用后其生命周期就结束

D. 软件维护是指修复程序中被破坏的指令

8．数据库设计的根本目标是要解决（　　）。

A．数据共享问题　　B．数据安全问题

C．大量数据存储问题　　D．简化数据维护

9．设有三个关系表如图 1-1 所示。

R

A	B	C
1	1	2
2	2	3

S

A	B	C
3	1	3

T

A	B	C
1	1	2
2	2	3
3	1	3

图 1-1　第 9 题的三个关系表

则下列操作中正确的是（　　）。

A．$T=R\cap S$　　B．$T=R\cup S$　　C．$T=R\times S$　　D．$T=R/S$

10．数据库系统的核心是（　　）。

A．数据模型　　B．数据库管理系统

C．数据库　　D．数据库管理员

1.3.2　公共基础知识试题答案和解析

1．【答案】　A

【解析】外存储器的容量一般都比较大，而且大部分可以移动，便于在不同计算机之间进行信息交流。外存储器中数据被读入内存储器后，才能被 CPU 读取，CPU 不能直接访问外存储器。

2．【答案】　A

【解析】查找技术是指在一个给定的数据结构中查找某个指定的元素，主要有顺序查找和二分法查找。顺序查找是一种最基本和最简单的查找方法，它的思路是：从表中的第一个元素开始，将给定的值与表中元素的关键字逐个进行比较，直到两者相等、查到所要找的元素为止；否则，就是表中没有要找的元素，查找不成功。但是，下列两种情况下只能采用顺序查找：

① 如果线性表是无序表（即表中的元素是无序的），则不管是顺序存储结构还是链式存储结构，都只能用顺序查找。

② 即使是有序线性表，如果采用链式存储结构，也只能用顺序查找。

二分法查找只适用于顺序存储结构的线性表，且表中元素必须按关键字有序（升序或降序均可）排列。这里假设表中元素为升序排列，设有序线性表长度为 n，被查找元素为 x，则二分法查找的方法如下：

① 将 x 与线性表的中间项比较。

② 若 x 的值与中间项的值相等，则说明查到，查找结束。

③ 若 x 小于中间项的值，则在线性表的前半部分以相同的方法查找。

④ 若 x 大于中间项的值，则在线性表的后半部分以相同的方法查找。

对于长度为 n 的有序线性表，在最坏的情况下，二分法查找只需要比较 $\log_2 n$ 次，而顺序查找则需要比较 n 次。

3. 【答案】 C

【解析】栈（Stack）是一种只允许在一端进行插入和删除的线性表，它是一种操作受限的线性表。在表中只允许进行插入和删除的一端称为栈顶（Top），另一端称为栈底（Bottom）。栈的插入操作通常称为入栈（Push），而栈的删除操作则称为出栈或退栈（Pop）。当栈中无数据元素时，称为空栈。栈按照“先进后出”（FILO）或“后进先出”（LIFO）的原则组织数据，栈具有记忆作用。

4. 【答案】 D

【解析】数据的逻辑结构在计算机存储空间中的存放形式称为数据的存储结构（又称数据的物理结构）。常用的存储结构有顺序、链接、索引等。采用不同的存储结构，其数据处理的效率是不同的。因此，在进行数据处理时，选择合适的存储结构是很重要的。故本题答案为 D。

5. 【答案】 C

【解析】软件工程是应用于计算机软件的定义、开发和维护的一整套方法、工具、文档、实践标准和工序。所谓软件工程，是指采用工程的概念、原理、技术和方法指导软件的开发与维护。软件工程学的主要研究对象包括软件开发与维护的技术、方法、工具和管理等方面。由此可见，选项 A、选项 B 和选项 D 的说法均不正确，选项 C 正确。

6. 【答案】 D

【解析】结构化设计常用的工具有程序流程图、N-S 图、PAD 图和 PDL（过程设计语言），而数据流图（DFD）、数据字典（DD）、判定树和判定表是需求分析阶段常用的工具。

7. 【答案】 A

【解析】软件维护通常有四类：改正性维护、适应性维护、完善性维护和预防性维护。

① 改正性维护是指在软件交付使用后，为了识别和纠正软件错误、改正软件性能上的缺陷、排除实施中的误使用，应当进行的诊断和改正错误的过程。

② 适应性维护是指为了使软件适应变化，而去修改软件的过程。

③ 完善性维护是指为了满足用户对软件提出的新功能与性能要求，需要修改或再开发软件，以扩充软件功能、增强软件性能、改进加工效率、提高软件的可维护性。

④ 预防性维护是为了提高软件的可维护性、可靠性等，为进一步改进软件打下良好的基础。

软件维护不仅包括程序代码的维护，还包括文档的维护。综上所述，本题的正确答案是 A。

8. 【答案】 A

【解析】数据库技术的主要目的是有效地管理和存储大量的数据资源，包括：提高数据的共享性，使多个用户能够同时访问数据库中的数据；减少数据冗余，以提高数据的一致性和完整性；提高数据与程序的独立性，从而减少应用程序的开发和维护代价。数据库设计的根本目标是要解决数据共享问题。

9. 【答案】 B

【解析】本题主要考查的是传统的集合运算。

① 并：两个结构相同的关系的并是由属于这两个关系的元组组成的集合。

② 差：两个结构相同的关系 R 和 S 的差是由属于 R 但不属于 S 的元组组成的集合。

③ 交：两个结构相同的关系 R 和 S 的交是由既属于 R 又属于 S 的元组组成的集合。

④ 广义笛卡儿积：设 R 和 S 是两个关系，如果 R 是 m 元关系，有 i 个元组，S 是 n 元关系，有 j 个元组，则广义笛卡儿积 $R \times S$ 是一个 $m+n$ 元关系，有 $i \times j$ 个元组。

10. 【答案】 B

【解析】数据库管理系统是一种系统软件，负责数据库中的数据组织、数据操纵、数据维护、控制及保护和数据服务等，是数据库系统的核心。

1.4　公共基础知识试题（4）

1.4.1　公共基础知识试题

1. 进程是（　　）。

A．存放在内存中的程序　　B．与程序等效的概念

C．一个系统软件　　D．程序的执行过程

2. 两个或两个以上模块之间关联的紧密程度称为（　　）。

A．耦合度　　B．内聚度　　C．复杂度　　D．数据传输特性

3. 下列叙述正确的是（　　）。

A．软件测试应该由程序开发者来完成

B．程序经调试后一般不需要再测试

C．软件维护只包括对程序代码的维护

D．以上三种说法都不对

4. 按照“后进先出”的原则组织数据的数据结构是（　　）。

A．队列　　B．栈　　C．双向链表　　D．二叉树

5. 下列叙述正确的是（　　）。

A．线性链表是线性表的链式存储结构

B．栈与队列是非线性结构

C．双向链表是非线性结构

D．只有根结点的二叉树是线性结构

6. 对图 1-2 所示的二叉树进行后序遍历的结果为（　　）。

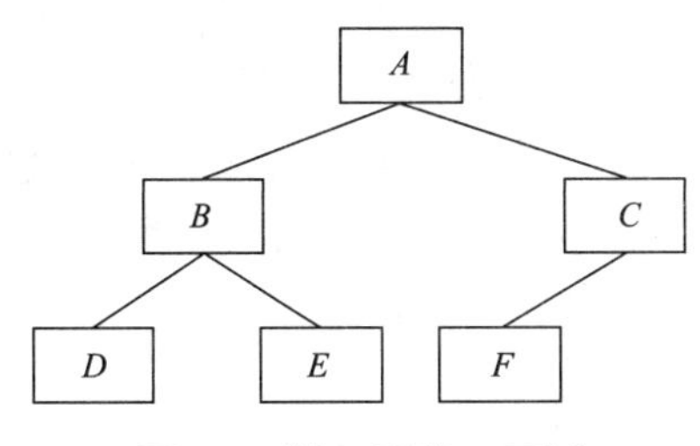

图 1-2　第 6 题的二叉树

A．*ABCDEF*　　B．*DBEAFC*　　C．*ABDECF*　　D．*DEBFCA*

7. 在深度为 7 的满二叉树中，叶子结点的个数为（　　）。

A. 32　　B. 31　　C. 64　　D. 63

8. “商品”与“顾客”两个实体集之间的联系一般是（　　）。

A. 一对一　　B. 一对多　　C. 多对一　　D. 多对多

9. 在 E-R 图中，用来表示实体的图形是（　　）。

A. 矩形　　B. 椭圆形　　C. 菱形　　D. 三角形

10. 数据库 DB、数据库系统 DBS、数据库管理系统 DBMS 之间的关系是（　　）。

A. DB 包含 DBS 和 DBMS　　B. DBMS 包含 DB 和 DBS

C. DBS 包含 DB 和 DBMS　　D. 没有任何关系

1.4.2　公共基础知识试题答案和解析

1. 【答案】　D

【解析】进程是指一个具有一定独立功能的程序关于某个数据集合的一次运行活动。简单地说，进程是可以并发执行的程序的执行过程，它是控制程序管理下的基本的多道程序单位。

2. 【答案】　A

【解析】衡量软件模块独立性使用耦合性和内聚性两个定性的度量标准。内聚性：一个模块内部各个元素彼此结合的紧密程度的度量。耦合性：模块间相互结合的紧密程度的度量。在程序结构中各模块的内聚性越强，则耦合性越弱。优秀软件应高内聚，低耦合。

3. 【答案】　D

【解析】本题考查的是软件测试、软件调试和软件维护的概念。软件测试是为了发现错误而执行程序的过程。要做好软件测试，设计出有效的测试方案和好的测试用例，软件测试人员需要充分理解和运行软件测试的一些基本准则：

① 测试的根本目的是满足用户需求。

② 严格执行测试计划，避免测试的随意性。

③ 充分注意测试中的群集现象。

④ 程序员应避免检查自己的程序。

⑤ 穷举测试不可能。

⑥ 妥善保存测试计划、测试用例、出错统计和最终分析报告，为维护提供方便。

在对程序进行了成功的测试之后将进入程序调试（又称 Debug，即排错）。程序调试的任务是诊断和改正程序中的错误。它与软件测试不同，软件测试是尽可能多地发现软件中的错误。先要发现软件的错误，然后借助一定的调试工具去执行找出软件错误的具体位置。软件测试贯穿整个软件生命期，程序调试主要在开发阶段。

软件维护通常有四类：改正性维护、适应性维护、完善性维护和预防性维护。

4. 【答案】　B

【解析】栈（Stack）是一种只允许在一端进行插入和删除的线性表，它是一种操作受限的线性表。在表中只允许进行插入和删除的一端称为栈顶（Top），另一端称为栈底（Bottom）。栈的插入操作称为入栈（Push），而栈的删除操作则称为出栈或退栈（Pop）。当栈中无数据元素时，称为空栈。栈按照“先进后出”（FILO）或“后进先出”（LIFO）

的原则组织数据，栈具有记忆作用。

5. 【答案】　A

【解析】一个非空的数据结构如果满足下列三个条件，则称为线性结构：①有且只有一个根结点；②每一个结点最多有一个前件，也最多有一个后件；③在一个线性结构中插入或删除任何一个结点后还应该是线性结构。线性链表是线性表的链式存储结构，因此选项 A 是正确的。栈与队列、双向链表都是线性结构，而二叉树是非线性结构。

6. 【答案】　D

【解析】二叉树的遍历是指不重复地访问二叉树中的所有结点。二叉树的遍历有前序遍历、中序遍历和后序遍历。

后序遍历首先遍历左子树，然后遍历右子树，最后访问根结点。在遍历左、右子树时，仍然先遍历左子树，然后遍历右子树，最后访问根结点。即若二叉树为空，则结束返回；否则，后序遍历左子树→后序遍历右子树→最后访问根结点。

注意：*遍历左右子树时仍然采用后序遍历方法。*

7. 【答案】　C

【解析】满二叉树是指除最后一层外，每一层上的所有结点有两个子结点，则 k 层上有 2^{k-1} 个结点，深度为 m 的满二叉树有 2^m-1 个结点。根据满二叉树的定义，最后一层为叶子结点，且叶子结点为 $2^{7-1}=2^6=64$。

8. 【答案】　D

【解析】实体之间的对应关系称为联系。联系有三种类型：一对一联系、一对多联系、多对多联系。同一类商品可以由多个顾客购买，而一个顾客可以购买多类商品，所以“商品”与“顾客”两个实体集之间的联系一般是多对多。

9. 【答案】　A

【解析】实体－联系方法是最广泛使用的概念模型设计方法，该方法用 E–R 图来描述现实世界的概念模型。E–R 图提供了表示实体型、属性和联系的方法：

① 实体型：用矩形表示，矩形框内写明实体名。

② 属性：用椭圆形表示，并用连线将其与相应的实体连接起来。

③ 联系：用菱形表示，菱形框内写明联系名，并用连线分别与有关实体连接起来，同时在连线旁标上联系的类型（$1:1$、$1:n$ 或 $m:n$）。

10. 【答案】　C

【解析】数据库系统：由数据库（数据）、数据库管理系统（软件）、数据库管理员（人员）、硬件平台（硬件）和软件平台（软件）五个部分构成的运行实体。

1.5　公共基础知识试题（5）

1.5.1　公共基础知识试题

1. 在计算机中，运算器的基本功能是（　　）。

A. 进行算术和逻辑运算　　　　B. 存储各种控制信息

C. 保持各种控制状态　　D. 控制机器各个部件协调一致地工作

2. 从工程管理角度，软件设计一般分为两步完成，它们是（　　）。

A. 概要设计与详细设计　　B. 数据设计与接口设计

C. 软件结构设计与数据设计　　D. 过程设计与数据设计

3. 下列选项不属于软件生命周期开发阶段任务的是（　　）。

A. 软件测试　　B. 概要设计　　C. 软件维护　　D. 详细设计

4. 在数据库系统中，用户所见的数据模式为（　　）。

A. 概念模式　　B. 外模式　　C. 内模式　　D. 物理模式

5. 数据库设计的四个阶段：需求分析、概念设计、逻辑设计和（　　）。

A. 编码设计　　B. 测试阶段　　C. 运行阶段　　D. 物理设计

6. 设有图 1-3 所示三个关系表：

R

A
m
n

S

B	C
1	3

T

A	B	C
m	1	3
n	1	3

图 1-3　第 6 题的三个关系表

下列操作正确的是（　　）。

A. $T = R \cap S$　　B. $T = R \cup S$　　C. $T = R \times S$　　D. $T = R/S$

7. 下列叙述正确的是（　　）。

A. 一个算法的空间复杂度大，则其时间复杂度也必定大

B. 一个算法的空间复杂度大，则其时间复杂度必定小

C. 一个算法的时间复杂度大，则其空间复杂度必定小

D. 上述三种说法都不对

8. 在长度为 64 的有序线性表中进行顺序查找，最坏情况下需要比较的次数为（　　）。

A. 63　　B. 64　　C. 6　　D. 7

9. 数据库技术的根本目标是要解决数据的（　　）。

A. 存储问题　　B. 共享问题　　C. 安全问题　　D. 保护问题

10. 对图 1-4 所示二叉树进行中序遍历的结果是（　　）。

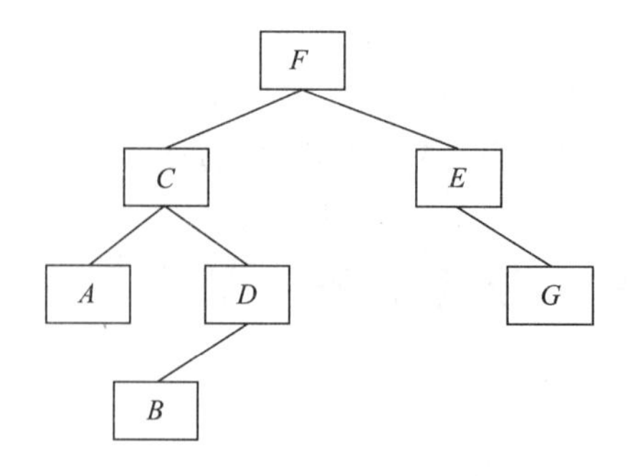

图 1-4　第 10 题的二叉树

A. *ACBDFEG* B. *ACBDFGE*

C. *ABDCGEF* D. *FCADBEG*

1.5.2 公共基础知识试题答案和解析

1. 【答案】 A

【解析】CPU 主要包括运算器和控制器两部分。运算器负责对数据进行加工处理，也就是对数据进行算术运算和逻辑运算；控制器负责对程序所规定的指令进行分析，控制并协调输入、输出操作或对内存的访问。

2. 【答案】 A

【解析】软件设计的基本目标是用比较抽象概括的方式确定目标系统如何完成预定的任务，软件设计是确定系统的物理模型。软件设计是开发阶段最重要的步骤，是将需求准确地转化为完整的软件产品或系统的唯一途径。从工程管理角度看，软件设计分为两步完成：概要设计与详细设计。概要设计（又称结构设计）将软件需求转化为软件体系结构，确定系统级接口、全局数据结构或数据库模式；详细设计确立每个模块的实现算法和局部数据结构，用适当方法表示算法和数据结构的细节。

3. 【答案】 C

【解析】通常将软件产品从提出、实现、使用维护到停止使用退役的过程称为软件生命周期。也就是说，软件产品从考虑其概念开始，到该软件产品不能使用为止的整个时期都属于软件生命周期。

软件生命周期的主要活动阶段如下：

① 可行性研究和计划制订。确定待开发软件系统的开发目标和总的要求，给出它的功能、性能、可靠性以及接口等方面的可行方案，制订完成开发任务的实施计划。

② 需求分析。对待开发软件提出的需求进行分析并给出详细定义，即准确地确定软件系统的功能。编写软件规格说明书及初步的用户手册，提交评审。

③ 软件设计。系统设计人员和程序设计人员应该在反复理解软件需求的基础上，给出软件的结构、模块的划分、功能的分配以及处理流程。

④ 软件实现。把软件设计转换成计算机可以接受的程序代码。即完成源程序的编码，编写用户手册、操作手册等面向用户的文档，编写单元测试计划。

⑤ 软件测试。在设计测试用例的基础上，检验软件的各个组成部分。编写测试分析报告。

⑥ 运行和维护。将已交付的软件投入运行，并在运行使用中不断地维护，根据新提出的需求进行必要且可能的扩充和删改。

4. 【答案】 B

【解析】数据库系统是由模式、外模式和内模式这三级模式构成的。用户所见的数据模式为外模式。

5. 【答案】 D

【解析】数据库设计的四个阶段：需求分析，概念设计、逻辑设计和物理设计，具体如图 1-5 所示。

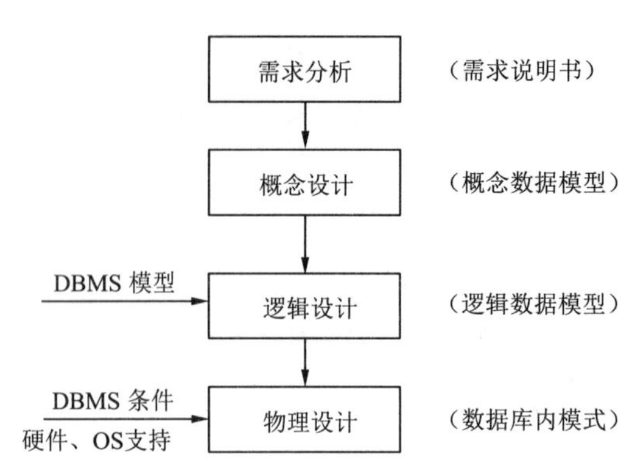

图 1-5　数据库设计的四个阶段

6. **【答案】** C

【解析】本题主要考查的是传统的集合运算。

① 并：两个结构相同的关系的并是由属于这两个关系的元组组成的集合。

② 差：两个结构相同的关系 R 和 S 的差是由属于 R 但不属于 S 的元组组成的集合。

③ 交：两个结构相同的关系 R 和 S 的交是由既属于 R 又属于 S 的元组组成的集合。

④ 广义笛卡儿积：设 R 和 S 是两个关系，如果 R 是 m 元关系，有 i 个元组，S 是 n 元关系，有 j 个元组，则笛卡儿积 $R \times S$ 是一个 $m+n$ 元关系，有 $i \times j$ 个元组。

7. **【答案】** D

【解析】本题主要考查的是数据结构中有关算法的基本知识和概念。算法是指解题方案的准确而完整的描述。算法的复杂度主要包括时间复杂度和空间复杂度：时间复杂度是指执行算法所需要的计算工作量，或算法在执行过程中所需基本运算的执行次数。算法的空间复杂度是执行这个算法所需要的存储空间。由定义可知，算法的时间复杂度与空间复杂度不一定相关，因此本题答案为 D。

8. **【答案】** B

【解析】查找技术是指在一个给定的数据结构中查找某个指定的元素，主要有顺序查找和二分法查找。对于长度为 n 的有序线性表，在最坏的情况下，二分法查找只需要比较 $\log_2 n$ 次，而顺序查找需要比较 n 次。

9. **【答案】** B

【解析】数据库技术的主要目的是有效地管理和存储大量的数据资源，包括：提高数据的共享性，使多个用户能够同时访问数据库中的数据；减少数据冗余，以提高数据的一致性和完整性；提高数据与程序的独立性，从而减少应用程序的开发和维护代价。因此，本题答案为 B。

10. **【答案】** A

【解析】二叉树的遍历是指不重复地访问二叉树中的所有结点。二叉树的遍历分为三种方法：前序遍历、中序遍历和后序遍历。

中序遍历首先遍历左子树，然后访问根结点，最后遍历右子树。在遍历左、右子树时，仍然先遍历左子树，再访问根结点，最后遍历右子树。即若二叉树为空，则结束返回；否则，中序遍历左子树→访问根结点→中序遍历右子树。

1.6　公共基础知识试题（6）

1.6.1　公共基础知识试题

1. 计算机中的缓冲技术用于（　　）。

A. 提供主、辅存接口　　B. 提高主机和设备交换信息的速度

C. 提高设备利用率　　D. 扩充相对地址空间

2. 在结构化程序设计中，模块划分的原则是（　　）。

A. 各模块应包括尽量多的功能

B. 各模块的规模应尽量大

C. 各模块之间的联系应尽量紧密

D. 模块内具有高内聚度、模块间具有低耦合度

3. 下列叙述正确的是（　　）。

A. 软件测试的主要目的是发现程序中的错误

B. 软件测试的主要目的是确定程序中错误的位置

C. 为提高软件测试的效率，最好由程序编制者自己来完成软件测试的工作

D. 软件测试是证明软件没有错误

4. 下面选项不属于面向对象程序设计特征的是（　　）。

A. 继承性　　B. 多态性　　C. 类比性　　D. 封装性

5. 下列对队列的叙述正确的是（　　）。

A. 队列属于非线性表　　B. 队列按“先进后出”的原则组织数据

C. 队列在队尾删除数据　　D. 队列按“先进先出”的原则组织数据

6. 对图 1-6 所示二叉树进行前序遍历的结果为（　　）。

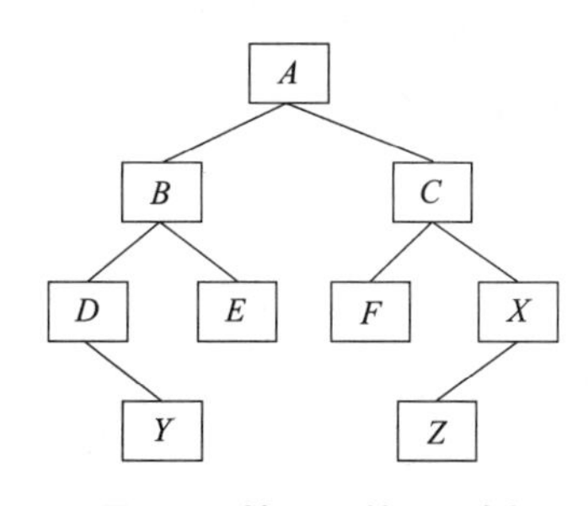

图 1-6　第 6 题的二叉树

A. *DYBEAFCZX*　　B. *YDEBFZXCA*

C. *ABDYECFXZ*　　D. *ABCDEFXYZ*

7. 某二叉树中有 n 个度为 2 的结点，则该二叉树中的叶子结点数为（　　）。

A. $n+1$　　B. $n-1$　　C. 2^n　　D. $n/2$

8. 在下列关系运算中，不改变关系表中的属性个数但能减少元组个数的是（　　）。

A. 并　　B. 交　　C. 投影　　D. 笛卡儿积

9. 在 E-R 图中，用来表示实体之间联系的图形是（　　）。

A. 矩形　　B. 椭圆形　　C. 菱形　　D. 平行四边形

10. 下列叙述错误的是（　　）。
    A. 在数据库系统中，数据的物理结构必须与逻辑结构一致
    B. 数据库技术的根本目标是要解决数据的共享问题
    C. 数据库设计是指在已有数据库管理系统的基础上建立数据库
    D. 数据库系统需要操作系统的支持

1.6.2 公共基础知识试题答案和解析

1. 【答案】 B

【解析】缓冲技术是为了协调吞吐速度相差很大的设备之间数据传送而采用的技术。为了缓和 CPU 和 I/O 设备速度不匹配的矛盾，提高 CPU 和 I/O 设备的并行性，在现代操作系统中，几乎所有的 I/O 设备在与处理器交换数据时都用了缓冲区，并提供获得和释放缓冲区的手段。

2. 【答案】 D

【解析】衡量软件模块独立性使用内聚性和耦合性两个定性的度量标准。

内聚性：一个模块内部各个元素彼此结合的紧密程度的度量。内聚性按由弱到强有下面几种：偶然内聚、逻辑内聚、时间内聚、过程内聚、通信内聚、顺序内聚、功能内聚。

耦合性：模块间相互结合的紧密程度的度量。耦合度由高到低排列有下面几种：内容耦合、公共耦合、外部耦合、控制耦合、标记耦合、数据耦合、非直接耦合。

在程序结构中各模块的内聚性越强，则耦合性越弱。优秀软件应高内聚、低耦合。

3. 【答案】 A

【解析】软件测试是为了发现错误而执行程序的过程，因此选项 A 是正确的。另外，要做好软件测试，设计出有效的测试方案和好的测试用例，软件测试人员需要充分理解和运行软件测试的一些基本准则：

① 测试的根本目的是满足用户需求。

② 严格执行测试计划，避免测试的随意性。

③ 充分注意测试中的群集现象。

④ 程序员应避免检查自己的程序。

⑤ 穷举测试不可能。

⑥ 妥善保存测试计划、测试用例、出错统计和最终分析报告，为维护提供方便。

4. 【答案】 C

【解析】在面向对象方法中，对象的基本特点：标识唯一性、分类性、多态性、封装性、模块独立性好、继承性。

5. 【答案】 D

【解析】队列（Queue）是一种只允许在一端进行插入，而在另一端进行删除的线性表，它是一种操作受限的线性表。在表中只允许进行插入的一端称为队尾（Rear），只允许进行删除的一端称为队头（Front）。队列的插入操作称为入队列或进队列，而队列的删除操作则称为出队列或退队列。当队列中无数据元素时，称为空队列。

根据队列的定义可知，队头元素总是最先进队列，也总是最先出队列；队尾元素总是最后进队列，因而也是最后出队列。这种表是按照“先进先出”（First In First Out，FIFO）

的原则组织数据，因此，队列也被称为“先进先出”表。

6. 【答案】 C

【解析】二叉树的遍历是指不重复地访问二叉树中的所有结点。二叉树的遍历分为三种方法：前序遍历、中序遍历和后序遍历。

前序遍历首先访问根结点，然后遍历左子树，最后遍历右子树。在遍历左、右子树时，仍然先访问根结点，然后遍历左子树，最后遍历右子树。即：若二叉树为空，则结束返回；否则，访问根结点→前序遍历左子树→前序遍历右子树。

7. 【答案】 A

【解析】根据二叉树的性质 3：度为 0 的结点（即叶子结点）总是比度为 2 的结点多一个。本题中度为 2 的结点有 n 个，因此该二叉树中的叶子结点数为 $n+1$ 个。

8. 【答案】 B

【解析】关系运算包括传统的集合运算和专门的关系运算。

① 传统的集合运算：

- 并：两个结构相同的关系的并是由属于这两个关系的元组组成的集合。
- 差：两个结构相同的关系 R 和 S 的差是由属于 R 但不属于 S 的元组组成的集合。
- 交：两个结构相同的关系 R 和 S 的交是由既属于 R 又属于 S 的元组组成的集合。
- 广义笛卡儿积：设 R 和 S 是两个关系，如果 R 是 m 元关系，有 i 个元组，S 是 n 元关系，有 j 个元组，则笛卡儿积 $R\times S$ 是一个 $m+n$ 元关系，有 $i\times j$ 个元组。

② 专门的关系运算：

- 选择：从关系中找出满足给定条件的元组的操作。
- 投影：从关系模式中指定若干属性组成新的关系。
- 连接：将两个关系模式拼接成为一个更宽的关系模式，生成的新的关系中包含满足连接条件的元组。
- 自然连接：在连接运算中，按照字段值对应相等为条件进行的连接操作，去掉重复字段。

根据题意，本题答案为 B。

9. 【答案】 C

【解析】实体－联系方法是最广泛使用的概念模型设计方法，该方法用 E-R 图来描述现实世界的概念模型。E-R 图提供了表示实体型、属性和联系的方法：

① 实体集：用矩形表示，矩形框内写明实体名。

② 属性：用椭圆形表示，并用连线将其与相应的实体连接起来。

③ 联系：用菱形表示，菱形框内写明联系名，并用连线分别与有关实体连接起来，同时在连线旁标上联系的类型（1:1、1:n 或 m:n）。

10. 【答案】 A

【解析】数据库系统具有数据独立性的特点，数据独立性一般分为物理独立性与逻辑独立性两级。物理独立性即数据的物理结构的改变都不影响数据库的逻辑结构；逻辑独立性即数据库总体逻辑结构的改变，不需要相应修改应用程序。所以，在数据系统中，数据的物理结构并不一定与逻辑结构一致。

1.7　公共基础知识试题（7）

1.7.1　公共基础知识试题

1. 总线带宽是指总线的（　　）。

A. 宽度　　B. 长度　　C. 数据传输率　　D. 位数

2. 软件调试的目的是（　　）。

A. 发现错误　　B. 改正错误　　C. 改善软件的性能　　D. 验证软件的正确性

3. 在面向对象方法中，实现信息隐藏是依靠（　　）。

A. 对象的继承　　B. 对象的多态　　C. 对象的封装　　D. 对象的分类

4. 下列叙述不符合良好程序设计风格要求的是（　　）。

A. 程序的效率第一、清晰第二　　B. 程序的可读性好

C. 程序中要有必要的注释　　D. 输入数据前要有提示信息

5. 下列叙述正确的是（　　）。

A. 程序执行的效率与数据的存储结构密切相关

B. 程序执行的效率只取决于程序的控制结构

C. 程序执行的效率只取决于所处理的数据量

D. 以上三种说法都不对

6. 下列叙述正确的是（　　）。

A. 数据的逻辑结构与存储结构必定是一一对应的

B. 由于计算机存储空间是向量式的存储结构，因此，数据的存储结构一定是线性结构

C. 程序设计语言中的数组一般是顺序存储结构，因此，利用数组只能处理线性结构

D. 以上三种说法都不对

7. 冒泡排序在最坏情况下的比较次数是（　　）。

A. $n(n+1)/2$　　B. $n\log_2 n$　　C. $n(n-1)/2$　　D. $n/2$

8. 一棵二叉树中共有 70 个叶子结点与 80 个度为 1 的结点，则该二叉树中的总结点数为（　　）。

A. 219　　B. 221　　C. 229　　D. 231

9. 下列叙述正确的是（　　）。

A. 数据库系统是一个独立的系统，不需要操作系统的支持

B. 数据库技术的根本目标是解决数据的共享问题

C. 数据库管理系统就是数据库系统

D. 以上三种说法都不对

10. 下列叙述正确的是（　　）。

A. 为了建立一个关系，首先要构造数据的逻辑关系

B. 表示关系的二维表中各元组的每一个分量还可以分成若干数据项

C. 一个关系的属性名表称为关系模式

D. 一个关系可以包括多个二维表

1.7.2　公共基础知识试题答案和解析

1. 【答案】　C

【解析】总线带宽可理解为总线的数据传输率，即单位时间内总线上传输数据的位数，通常用每秒传输信息的字节数来衡量，单位可用 MB/s（兆字节每秒）表示。

2. 【答案】　B

【解析】在对程序进行成功的测试之后将进行软件调试（又称 Debug，即排错）。

软件调试的任务是诊断和改正程序中的错误。它与软件测试不同，软件测试是尽可能多地发现软件中的错误。先要发现软件的错误，然后借助一定的调试工具找出软件错误的具体位置。软件测试贯穿整个软件生命期，调试主要在开发阶段。

3. 【答案】　C

【解析】软件工程的基本原则包括抽象、信息隐蔽、模块化、局部化、确定性、一致性、完备性和可验证性。信息隐蔽是指采用封装技术，将程序模块的实现细节隐藏起来，使模块接口尽量简单。

4. 【答案】　A

【解析】良好的程序设计风格体现在，语句结构清晰第一、效率第二。

5. 【答案】　A

【解析】数据结构是指相互有关联的数据元素的集合。更通俗地说，数据结构是指带有结构的数据元素的集合。在此，所谓结构，实际上就是指数据元素之间的前后件关系。数据的逻辑结构是指反映数据元素之间逻辑关系的数据结构。数据的逻辑结构在计算机存储空间中的存放形式称为数据的存储结构（又称数据的物理结构）。常用的存储结构有顺序、链接、索引等。采用不同的存储结构，其数据处理的效率是不同的。

6. 【答案】　D

【解析】数据的逻辑结构在计算机存储空间中的存放形式称为数据的存储结构（又称数据的物理结构）。常用的存储结构有顺序、链接、索引等。采用不同的存储结构，其数据处理的效率是不同的。因此，在进行数据处理时，选择合适的存储结构是很重要的，故选项 A 是错误的。根据数据结构中各数据元素之间前后件关系的复杂程度，一般将数据结构分为两大类型：线性结构和非线性结构。所以，选项 B 是错误的。数组既可以处理线性结构也可以处理非线性结构，所以选项 C 是错误的。故本题答案为 D。

7. 【答案】　C

【解析】排序是指将一个无序序列整理成按值非递减顺序排列的有序序列。

表 1-2 所示为各排序方法在最坏情况下的比较次数。

表 1-2　各排序方法在最坏情况下的比较次数

交换类排序法	冒泡排序法	$n(n-1)/2$
	快速排序法	$n(n-1)/2$
插入类排序法	简单插入排序法	$n(n-1)/2$
	希尔排序法	$O(n^{1.5})$
选择类排序法	简单选择排序法	$n(n-1)/2$
	堆排序法	$O(n\log_2 n)$

8. 【答案】 A

【解析】二叉树的总结点数 $=n_0$（度为 0 的结点，即叶子结点）$+n_1$（度为 1 的结点）$+n_2$（度为 2 的结点）。再根据二叉树的性质 3：度为 0 的结点（即叶子结点）总是比度为 2 的结点多一个，即 $n_2=n_0-1=70-1=69$，所以总结点数 $=n_0+n_1+n_2=70+80+69=219$。

9. 【答案】 B

【解析】本题考查的是数据库系统的基本概念和知识。数据库系统是由数据库（数据）、数据库管理系统（软件）、数据库管理员（人员）、硬件平台（硬件）、软件平台（软件）五个部分构成的运行实体。

数据库技术的主要目的是有效地管理和存储大量的数据资源，包括提高数据的共享性，使多个用户能够同时访问数据库中的数据；减少数据冗余，以提高数据的一致性和完整性；提高数据与程序的独立性，从而减少应用程序的开发和维护代价。

数据库管理系统是一种系统软件，负责数据库中的数据组织、数据操纵、数据维护、控制及保护和数据服务等，是数据库系统的核心。

因此，本题答案为 B。

10. 【答案】 C

【解析】本题考查的是数据库的关系模型。为了建立一个关系，首先要指定关系的属性，所以选项 A 是错误的。表示关系的二维表中各元组的每一个分量必须是不可分的基本数据项，所以选项 B 是错误的。在关系数据库中，把数据表示成二维表，而一个二维表就是一个关系，所以选项 D 是错误的。一个关系的属性名表称为该关系的关系模式，其格式为：

```
<关系名>(<属性名1>,<属性名2>,……,<属性名n>)
```

故本题答案为 C。

1.8 公共基础知识试题（8）

1.8.1 公共基础知识试题

1. 下面设备中不属于外部设备的是（　　）。

A. 外部存储器　　B. 内部存储器

C. 输入设备　　D. 输出设备

2. 结构化程序设计的基本原则不包括（　　）。

A. 多态性　　B. 自顶向下　　C. 模块化　　D. 逐步求精

3. 软件设计中模块划分应遵循的准则是（　　）。

A. 低内聚低耦合　　B. 高内聚低耦合

C. 低内聚高耦合　　D. 高内聚高耦合

4. 在软件开发中，需求分析阶段产生的主要文档是（　　）。

A. 可行性分析报告　　B. 软件需求规格说明书

C. 概要设计说明书　　D. 集成测试计划

5. 算法的有穷性是指（　　）。

A. 算法程序的运行时间是有限的　　B. 算法程序所处理的数据量是有限的

C. 算法程序的长度是有限的　　D. 算法只能被有限的用户使用

6. 对长度为 n 的线性表排序，在最坏情况下，比较次数不是 $n(n-1)/2$ 的排序方法是（　　）。

A. 快速排序　　B. 冒泡排序　　C. 直接插入排序　　D. 堆排序

7. 下列关于栈的叙述正确的是（　　）。

A. 栈按“先进先出”的原则组织数据　B. 栈按“先进后出”的原则组织数据

C. 只能在栈底插入数据　　D. 不能删除数据

8. 在数据库设计中，将 E–R 图转换成关系数据库模型的过程属于（　　）。

A. 需求分析阶段　　B. 概念设计阶段

C. 逻辑设计阶段　　D. 物理设计阶段

9. 有三个关系 *R*、*S* 和 *T* 如图 1-7 所示。

R

B	*C*	*D*
a	0	*k*1
b	1	*n*1

S

B	*C*	*D*
f	3	*h*2
a	0	*k*1
n	2	*x*1

T

B	*C*	*D*
a	0	*k*1

图 1-7　第 9 题的三个关系表

由关系 *R* 和 *S* 通过运算得到关系 *T*，则所使用的运算是（　　）。

A. 并　　B. 自然连接　　C. 笛卡儿积　　D. 交

10. 设有表示学生选课的三张表，学生 S(学号,姓名,性别,年龄,身份证号)，课程 C(课号,课名)，选课 SC(学号,课号,成绩)，则表 SC 的关键字（键或码）为（　　）。

A. 课号,成绩　　B. 学号,成绩

C. 学号,课号　　D. 学号,姓名,成绩

1.8.2　公共基础知识试题答案和解析

1. **【答案】**　B

在计算机中，中央处理器（CPU）和主存储器（内存储器）构成主机。除了主机以外，围绕主机设置的各种硬件装置称为外部设备。外部设备的种类很多，应用比较广泛的有输入输出设备、外部存储器（辅助存储器）和终端设备。

2. **【答案】**　A

【解析】结构化程序设计方法的主要原则可以概括为自顶向下、逐步求精、模块化和限制使用 goto 语句。

自顶向下：程序设计时，应先考虑总体，后考虑细节；先考虑全局目标，后考虑局部目标。不要一开始就过多追求众多的细节，先从最上层总目标开始设计，逐步使问题具体化。

逐步求精：对复杂问题，应设计一些子目标做过度，逐步细化。

模块化：一个复杂问题，肯定是由若干稍简单的问题构成。模块化是把程序要解决的总目标分解为分目标，再进一步分解为具体的小目标，每个小目标称为一个模块。

3. 【答案】 B

【解析】衡量软件模块独立性使用内聚性和耦合性两个定性的度量标准。

内聚性：一个模块内部各个元素彼此结合的紧密程度的度量。内聚性按由弱到强有下面几种：偶然内聚、逻辑内聚、时间内聚、过程内聚、通信内聚、顺序内聚、功能内聚。

耦合性：模块间相互结合的紧密程度的度量。耦合度由高到低排列有下面几种：内容耦合、公共耦合、外部耦合、控制耦合、标记耦合、数据耦合、非直接耦合。

在程序结构中各模块的内聚性越强，则耦合性越弱。优秀软件应高内聚、低耦合。

4. 【答案】 B

【解析】需求分析是指用户对目标系统的功能、行为、性能、设计约束等方面的期望。

需求分析阶段包括四个方面：

① 需求获取。确定对目标系统的各方面需求。

② 需求分析。对获取的需求进行分析和综合，最终给出系统的解决方案和目标系统的逻辑模型。

③ 编写需求规格说明书。说明书作为需求分析的阶段性成果，可为用户、分析人员和设计人员之间的交流提供方便，可以直接支持目标软件系统的确认，又可作为控制软件开发进程的依据。

④ 需求评审。需求分析最后一关，对需求分析阶段的工作进行复审，验证需求文档的一致性、可行性、完整性和有效性。

5. 【答案】 A

【解析】有穷性（Finiteness）是指算法必须在有限时间内做完，即算法必须能在执行有限个步骤之后终止。

6. 【答案】 D

【解析】表 1-3 所示为各排序方法在最坏情况下的比较次数。

表 1-3 各排序方法在最坏情况下的比较次数

交换类排序法	冒泡排序法	$n(n-1)/2$
	快速排序法	$n(n-1)/2$
插入类排序法	简单插入排序法	$n(n-1)/2$
	希尔排序法	$O(n^{1.5})$
选择类排序法	简单选择排序法	$n(n-1)/2$
	堆排序法	$O(n\log_2 n)$

7. 【答案】 B

【解析】栈（Stack）是一种只允许在一端进行插入和删除的线性表，它是一种操作受限的线性表。在表中只允许进行插入和删除的一端称为栈顶（Top），另一端称为栈底（Bottom）。栈的插入操作称为入栈（Push），而栈的删除操作则称为出栈或退栈（Pop）。当栈中无数据元素时，称为空栈。栈按照“先进后出”（FILO）或“后进先出”（LIFO）的原则组织数据，栈具有记忆作用。

8. 【答案】　C

【解析】E-R 模型即实体 - 联系模型，是将现实世界的要求转化成实体、联系、属性等几个基本概念，以及它们之间的两种连接关系。数据库逻辑设计阶段包括以下几个过程：从 E-R 图向关系模式转换，逻辑模式规范化及调整、实现规范化和 RDBMS，以及关系视图设计。

9. 【答案】　D

【解析】关系运算包括传统的集合运算和专门的关系运算。根据题意，关系 T 是由关系 R 和 S 通过“交”运算操作得到的。

10. 【答案】　C

【解析】学号和课号共同决定成绩，故学号和课号作为关键字。

1.9　公共基础知识试题（9）

1.9.1　公共基础知识试题

1. 进程具有多种属性，并发性之外的另一重要属性是（　　）。

A. 静态性　　B. 动态性

C. 易用性　　D. 封闭性

2. 下列叙述正确的是（　　）。

A. 循环队列有队头和队尾两个指针，因此，循环队列是非线性结构

B. 在循环队列中，只需要队头指针就能反映队列中元素的动态变化

C. 在循环队列中，只需要队尾指针就能反映队列中元素的动态变化

D. 循环队列中元素的个数是由队头指针和队尾指针共同决定的

3. 在长度为 n 的有序线性表中进行二分查找，最坏情况下需要比较的次数是（　　）。

A. $O(n)$　　B. $O(n^2)$　　C. $O(\log_2 n)$　　D. $O(n\log_2 n)$

4. 下列叙述正确的是（　　）。

A. 顺序存储结构的存储一定是连续的，链式存储结构的存储空间不一定是连续的

B. 顺序存储结构只针对线性结构，链式存储结构只针对非线性结构

C. 顺序存储结构能存储有序表，链式存储结构不能存储有序表

D. 链式存储结构比顺序结构节省存储空间

5. 数据流图中带有箭头的线段表示的是（　　）。

A. 控制流　　B. 事件驱动　　C. 模块调用　　D. 数据流

6. 在软件开发中，需求分析阶段可以使用的工具是（　　）。

A. N-S 图　　B. DFD 图　　C. PAD 图　　D. 程序流程图

7. 在面向对象方法中，不属于对象基本特点的是（　　）。

A. 一致性　　B. 分类性　　C. 多态性　　D. 标识唯一性

8. 一间宿舍可住多个学生，则实体宿舍和学生之间的联系是（　　）。

A. 一对一　　B. 一对多　　C. 多对一　　D. 多对多

9．在数据管理技术发展的三个阶段中，数据共享最好的是（　　）。

A．人工管理阶段　　B．文件系统阶段

C．数据库系统阶段　　D．三个阶段相同

10．有三个关系 R、S 和 T 如图 1-8 所示。

R

A	B
m	1
n	2

S

B	C
1	3
3	5

T

A	B	C
m	1	3

图 1-8　第 10 题的三个关系表

由关系 R 和 S 通过运算得到关系 T，则所使用的运算为（　　）。

A．笛卡儿积　B．交　C．并　D．自然连接

1.9.2　公共基础知识试题答案和解析

1．【答案】 B

【解析】进程是可以并发执行的程序的执行过程，它具有动态性、共享性、独立性、制约性和并发性 5 种属性。

2．【答案】 D

【解析】循环队列就是将队列存储空间的最后一个位置绕到第一个位置，形成逻辑上的环状空间，供队列循环使用，因此它仍然是线性结构。循环队列有队头指针和队尾指针，其队列中元素的个数是由队头指针和队尾指针共同决定的。

3．【答案】 C

【解析】查找技术是指在一个给定的数据结构中查找某个指定的元素，主要有顺序查找和二分法查找。对于长度为 n 的有序线性表，在最坏的情况下，二分法查找只需要比较 $\log_2 n$ 次，而顺序查找需要比较 n 次。

4．【答案】 A

【解析】线性表的顺序存储结构指的是用一组地址连续的存储单元依次存放线性表中的数据元素。线性表的顺序存储结构具备如下两个基本特征：

① 线性表中的所有元素所占的存储空间是连续的。

② 线性表中各数据元在存储空间中是按逻辑顺序依次存放的。

在链式存储方式中，每个结点由两部分组成：一部分用于存放数据元素值，称为数据域；另一部分用于存放指针，称为指针域。其中，指针用于指向该结点的前一个或后一个结点（即前件或后件）。在链式存储方式中，存储空间可以是连续的，也可以是不连续的，各个数据结点的存储顺序与数据元素之间的逻辑结构可以不一致，数据结构的逻辑结构由指针域来确定。

5．【答案】 D

【解析】数据流图（DFD）：描述数据处理过程的工具，它直接支持系统功能建模。数据流图中主要图形元素见表 1-4。

表 1-4 数据流图中主要图形元素

图 形 元 素	功 能
○	加工（转换）。输入数据经加工变换产生输出
→	数据流。沿箭头方向传送数据的通道，一般在旁边标注数据流名
═	存储文件（数据源）。表示处理过程中存放各种数据的文件
□	源，潭。表示系统和环境的接口，属系统之外的实体

6. 【答案】 B

【解析】需求分析阶段常用的工具有数据流图（Data Flow Diagram，DFD）、数据字典（DD）、判定树和判定表。而 N-S 图、PAD 图、程序流程图是结构化设计常用的工具。

7. 【答案】 A

【解析】在面向对象方法中，对象的基本特点是：标识唯一性、分类性、多态性、封装性、模块独立性。

8. 【答案】 B

【解析】实体之间的对应关系称为联系。联系有三种类型：一对一联系、一对多联系、多对多联系。一间宿舍可住多个学生，一个学生只能住在一间宿舍，故实体“宿舍”和“学生”之间的联系是一对多。

9. 【答案】 C

【解析】在数据管理技术发展包括人工管理阶段、文件系统阶段和数据库系统阶段三个阶段。人工管理阶段是在 20 世纪 50 年代中期以前出现的，数据不独立，完全依赖于程序；文件系统是数据库系统发展的初级阶段，数据独立性差；数据库系统具有高度的物理独立性和一定的逻辑独立性。

10. 【答案】 D

【解析】连接是将两个关系模式拼接成为一个更宽的关系模式，生成的新的关系中包含满足连接条件的元组。而自然连接是在等值连接的基础上，消除重复属性，这是最常用的一种连接。

1.10 公共基础知识试题（10）

1.10.1 公共基础知识试题

1. CPU 芯片内部连接各元件的总线是（　　）。

A. 系统总线　　B. 外围总线　　C. 外部总线　　D. 内部总线

2. 支持子程序调用的数据结构是（　　）。

A. 栈　　B. 树　　C. 队列　　D. 二叉树

3. 某二叉树有 5 个度为 2 的结点，则该二叉树中的叶子结点数是（　　）。

A. 10　　B. 8　　C. 6　　D. 4

4. 下列排序方法中，最坏情况下比较次数最少的是（　　）。

A. 冒泡排序　　B. 简单选择排序

C．直接插入排序　　　　　　　　D．堆排序

5．软件按功能可分为应用软件、系统软件和支撑软件（或工具软件）。下面属于应用软件的是（　　）。

A．编译程序　　　　　　　　B．操作系统

C．教务管理系统　　　　　　D．汇编程序

6．下面叙述错误的是（　　）。

A．软件测试的目的是发现错误并改正错误

B．对被调试的程序进行“错误定位”是程序调试的必要步骤

C．程序调试通常也称为 Debug

D．软件测试应该严格执行测试计划，排除测试的随意性

7．耦合性和内聚性是对模块独立性度量的两个标准。下列叙述正确的是（　　）。

A．提高耦合性降低内聚性有利于提高模块的独立性

B．降低耦合性提高内聚性有利于提高模块的独立性

C．耦合性是指一个模块内部各个元素之间彼此结合的紧密程度

D．内聚性是指模块间互相连接的紧密程度

8．数据库应用系统中的核心问题是（　　）。

A．数据库设计　　　　　　　　B．数据库系统设计

C．数据库维护　　　　　　　　D．数据库管理员培训

9．有两个关系 *R*、*S* 如图 1-9 所示。

R

A	*B*	*C*
a	3	2
b	0	1
c	2	1

S

A	*B*
a	3
b	0
c	2

图 1-9　第 9 题的两个关系表

由关系 *R* 通过运算得到关系 *S*，则所作的运算为（　　）。

A．选择　　　B．投影　　　C．插入　　　D．连接

10．将 E–R 图转换成关系模式时，实体和联系都可以表示为（　　）。

A．属性　　　B．键　　　C．关系　　　D．域

1.10.2　公共基础知识试题答案和解析

1．【答案】　D

【解析】总线按功能层次可以分为片内总线（内部总线）、系统总线和通信总线三类。片内总线是指芯片内部的总线，如在 CPU 芯片内部寄存器与寄存器之间、寄存器与逻辑单元 ALU 之间都由片内总线连接。

2．【答案】　A

【解析】栈（Stack）是一种只允许在一端进行插入和删除的线性表，它是一种操作受限的线性表。在表中只允许进行插入和删除的一端称为栈顶(Top)，另一端称为栈底(Bottom)。栈的插入操作称为入栈（Push），而栈的删除操作则称为出栈或退栈（Pop）。当栈中无数

据元素时，称为空栈。栈按照“先进后出”（FILO）或“后进先出”（LIFO）的原则组织数据，栈具有记忆作用。栈支持子程序调用。

3. 【答案】 C

【解析】根据二叉树的基本性质 3：在任意一棵二叉树中，度为 0 的结点（即叶子结点）总比度为 2 的结点多一个。度为 2 的结点有 5 个，因此叶子结点数等于 5+1，即 6 个。

4. 【答案】 D

【解析】表 1-5 为各排序方法在最坏情况下的比较次数。

表 1-5 各排序方法在最坏情况下的比较次数

交换类排序法	冒泡排序法	$n(n-1)/2$
	快速排序法	$n(n-1)/2$
插入类排序法	简单插入排序法	$n(n-1)/2$
	希尔排序法	$O(n^{1.5})$
选择类排序法	简单选择排序法	$n(n-1)/2$
	堆排序法	$O(n\log_2 n)$

5. 【答案】 C

【解析】软件按功能可分为应用软件、系统软件和支撑软件（或工具软件）。应用软件是为解决特定领域的应用而开发的软件。例如，事物处理软件、工程与科学计算软件、实时处理软件、嵌入式软件、人工智能软件等应用性质不同的各种软件。系统软件是计算机管理自身资源，提高计算机使用效率并为计算机用户提供各种服务的软件，如操作系统、编译程序、汇编程序、网络软件、数据库管理系统等。支撑软件是介于系统软件和应用软件之间，协助用户开发软件的工具性软件，包括辅助和支撑开发和维护应用软件的工具软件，如需求分析工具软件、设计工具软件、编码工具软件、测试工具软件、维护工具软件等，也包括辅助管理人员控制开发进程和项目管理的工具软件，如计划进度管理工具软件、过程控制工具软件、质量管理及配置管理工具软件等。

6. 【答案】 A

【解析】软件测试是为了发现错误而执行程序的过程，因此答案 A 是错误的。程序调试通常也称为 Debug，它的任务是诊断和改正程序中的错误。

7. 【答案】 B

【解析】衡量软件模块独立性使用内聚性和耦合性两个定性的度量标准。内聚性：一个模块内部各个元素彼此结合的紧密程度的度量。耦合性：模块间相互结合的紧密程度的度量。在程序结构中各模块的内聚性越强，则耦合性越弱。一个优秀的软件应高内聚、低耦合。

8. 【答案】 A

【解析】在数据库应用系统中的一个核心问题就是设计一个能满足用户要求、性能良好的数据库，这就是数据库设计。因此，数据库设计是数据库应用的核心。

9. 【答案】 B

【解析】选择运算是从关系中找出满足给定条件的元组的操作。投影运算是从关系模式中指定若干属性组成新的关系。连接运算是将两个关系模式拼接成为一个更宽的关系模式，生成的新的关系中包含满足连接条件的元组。

10. 【答案】 C

【解析】关系是由若干个不同的元组组成的，因此关系可视为元组的集合，将 E–R 图转换到关系模式时，实体与联系都可以表示成关系。

1.11 公共基础知识试题（11）

1.11.1 公共基础知识试题

1. 如果一个进程在运行时因某种原因暂停，该进程将脱离运行状态进入（　　）。

A. 静止状态　B. 停止状态　C. 阻塞状态　D. 就绪状态

2. 下列数据结构中，能够按照“先进后出”的原则存取数据的是（　　）。

A. 循环队列　B. 栈　C. 队列　D. 二叉树

3. 设循环队列的存储空间为 Q（1∶35），初始状态为 front=rear=35。现经过一系列入队与退队运算后，front=15，rear=15，则循环队列中的元素个数为（　　）。

A. 15　B. 16　C. 20　D. 0 或 35

4. 算法的空间复杂度是指（　　）。

A. 算法在执行过程中所需要的计算机存储空间

B. 算法所处理的工作量

C. 算法程序中的语句或指令条数

D. 算法在执行过程中所需要的临时工作单元数

5. 软件设计中划分模块的一个准则是（　　）。

A. 低内聚低耦合 B. 高内聚低耦合　C. 低内聚高耦合　D. 高内聚高耦合

6. 下列选项不属于结构化程序设计原则的是（　　）。

A. 可封装　B. 自顶向下　C. 模块化　D. 逐步求精

7. 软件详细设计产生的图如图 1-10 所示。

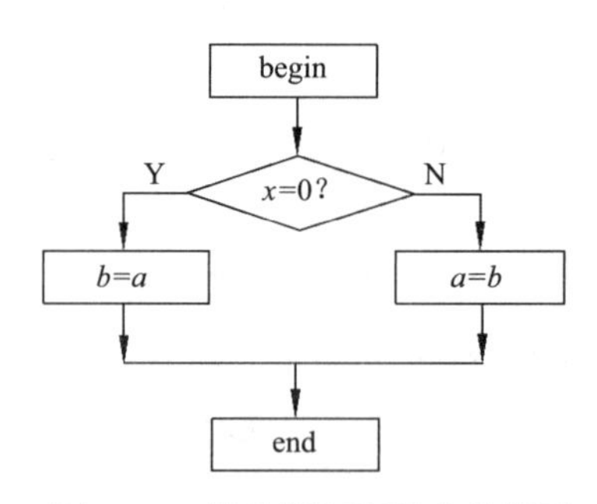

图 1-10　软件详细设计产生的图

该图是（　　）。

A. N–S 图　B. PAD 图　C. 程序流程图　D. E–R 图

8. 数据库管理系统是（　　）。

A. 操作系统的一部分　B. 在操作系统支持下的系统软件

C. 一种编译系统　D. 一种操作系统

9. 在 E–R 图中，用来表示实体联系的图形是（　　）。

A. 椭圆形　　B. 矩形　　C. 菱形　　D. 三角形

10. 有三个关系 *R*、*S* 和 *T* 如图 1-11 所示。

R

A	*B*	*C*
a	1	2
b	2	1
c	3	1

S

A	*B*	*C*
d	3	2

T

A	*B*	*C*
a	1	2
b	2	1
c	3	1
d	3	2

图 1-11　第 10 题的三个关系表

其中关系 *T* 由关系 *R* 和 *S* 通过某种操作得到，该操作为（　　）。

A. 选择　　B. 投影　　C. 交　　D. 并

1.11.2 公共基础知识试题答案和解析

1. **【答案】** C

【解析】一个进程正在等待某一事件（如等待输入输出操作的完成、等待某系统资源、等待其他进程来的信息等）的发生而暂时停止执行。在这种状态下，即使把 CPU 分配给它，该进程也不能运行，即处于等待状态，又称为阻塞状态或封锁状态。

2. **【答案】** B

【解析】栈（Stack）是一种只允许在一端进行插入和删除的线性表，它是一种操作受限的线性表。在表中只允许进行插入和删除的一端称为栈顶(Top),另一端称为栈底(Bottom)。栈的插入操作称为入栈（Push），而栈的删除操作则称为出栈或退栈（Pop）。当栈中无数据元素时，称为空栈。栈按照“先进后出”（FILO）或“后进先出”（LIFO）的原则组织数据，栈具有记忆作用。因此，本题答案为 B。

3. **【答案】** D

【解析】循环队列就是将队列存储空间的最后一个位置绕到第一个位置，形成逻辑上的环状空间，供队列循环使用，因此它仍然是线性结构。循环队列有队头指针和队尾指针，队列中元素的个数是由队头指针和队尾指针共同决定的。为了能区分队列满还是队列空，通常需要增加一个标志 S。队列空的条件为 S=0，队列满的条件为 S=1，rear=front。

循环队列中元素的数目：

① 当 rear>front 时，为 rear–front。

front				rear			
	a1	a2	a3	a4			
1							*m*

② 当 s=0 时，为零。

③ 当 rear=front 且 s=1 时，为 *m*。

④ 当 rear<front 时，为 *m*–(front–rear)。

		rear				front	
a2	a3	a4					a1
1							m

故本题答案为 D。

4. 【答案】 A

【解析】算法的复杂度主要包括时间复杂度和空间复杂度。时间复杂度是指执行算法所需要的计算工作量，或算法在执行过程中所需基本运算的执行次数。算法的空间复杂度是执行这个算法所需要的存储空间。

5. 【答案】 B

【解析】衡量软件模块独立性使用内聚性和耦合性两个定性的度量标准。内聚性：一个模块内部各个元素彼此结合的紧密程度的度量。耦合性：模块间相互结合的紧密程度的度量。在程序结构中各模块的内聚性越强，则耦合性越弱。一个优秀的软件应高内聚、低耦合。

6. 【答案】 A

【解析】结构化程序设计方法的四条原则是：自顶向下，逐步求精，模块化，限制使用 goto 语句。

7. 【答案】 C

【解析】程序流程图（Program Flow Diagram）：是一种传统的、应用广泛的软件过程设计表示工具，通常也称程序框图。

8. 【答案】 B

【解析】数据库管理系统：一种在操作系统支持下的系统软件，负责数据库中的数据组织、数据操纵、数据维护、控制及保护和数据服务等，是数据库系统的核心。

9. 【答案】 C

【解析】实体-联系方法是最广泛使用的概念模型设计方法，该方法用 E-R 图来描述现实世界的概念模型。E-R 图提供了表示实体型、属性和联系的方法：

① 实体集：用矩形表示，矩形框内写明实体名。

② 属性：用椭圆形表示，并用连线将其与相应的实体连接起来。

③ 联系：用菱形表示，菱形框内写明联系名，并用连线分别与有关实体连接起来，同时在连线旁标上联系的类型（1∶1、1∶n 或 m∶n）。

10. 【答案】 D

【解析】关系运算包括传统的集合运算和专门的关系运算。根据题意，关系 T 是由关系 R 和 S 通过“并”操作得到的。

1.12 公共基础知识试题（12）

1.12.1 公共基础知识试题

1. 计算机工作的本质是（　　）。

A. 存取数据　　　　B. 执行程序的过程

C. 进行数的运算　　　　　　　　　D. 取指令、分析指令和执行指令

2. 算法的时间复杂度是指（　　）。

A. 算法的执行时间

B. 算法所处理的数据量

C. 算法程序中的语句或指令条数

D. 算法在执行过程中所需要的基本运算次数

3. 软件按功能可分为：应用软件、系统软件和支撑软件（或工具软件）。下面属于系统软件的是（　　）。

A. 编辑软件　　B. 操作系统　　C. 教务管理系统　　D. 浏览器

4. 软件（程序）调试的任务是（　　）。

A. 诊断和改正程序中的错误　　　　B. 尽可能多地发现程序中的错误

C. 发现并改正程序中的所有错误　　D. 确定程序中错误的性质

5. 数据流程图（DFD）是（　　）。

A. 软件概要设计的工具　　　　　　B. 软件详细设计的工具

C. 结构化方法的需求分析工具　　　D. 面向对象方法的需求分析工具

6. 软件生命周期可为定义阶段，开发阶段和维护阶段。详细设计属于（　　）。

A. 定义阶段　　B. 开发阶段　　C. 维护阶段　　D. 上述三个阶段

7. 数据库管理系统中负责数据模式定义的语言是（　　）。

A. 数据定义语言　　　　　　　　　B. 数据管理语言

C. 数据操纵语言　　　　　　　　　D. 数据控制语言

8. 在学生管理的关系数据库中，存取一个学生信息的数据单位是（　　）。

A. 文件　　B. 数据库　　C. 字段　　D. 记录

9. 在数据库设计中，用 E-R 图来描述信息结构但不涉及信息在计算机中的表示，它属于数据库设计的（　　）。

A. 需求分析阶段　　　　　　　　　B. 逻辑设计阶段

C. 概念设计阶段　　　　　　　　　D. 物理设计阶段

10. 有两个关系 R 和 T 如图 1-12 所示。

R

A	B	C
a	1	2
b	2	2
c	3	2
d	3	2

T

A	B	C
c	3	2
d	3	2

图 1-12　第 10 题的两个关系表

则由关系 R 得到关系 T 的操作是（　　）。

A. 选择　　B. 投影　　C. 交　　D. 并

1.12.2 公共基础知识试题答案和解析

1. 【答案】 D

【解析】计算机的工作就是自动快速地执行程序，而程序就是解决实际问题的计算机指令的集合。指令的执行过程可分为取指令、分析指令和执行指令。

2. 【答案】 D

【解析】本题主要考查的是数据结构中有关算法的基本知识和概念。算法是指解题方案的准确而完整的描述。算法的复杂度主要包括时间复杂度和空间复杂度，时间复杂度是指执行算法所需要的计算工作量，或算法在执行过程中所需基本运算的执行次数。算法的空间复杂度是执行这个算法所需要的存储空间。

3. 【答案】 B

【解析】软件按功能可分为：应用软件、系统软件和支撑软件（或工具软件）。选项中属于系统软件的是操作系统。

4. 【答案】 A

【解析】程序调试又称 Debug，它的任务是诊断和改正程序中的错误。

5. 【答案】 C

【解析】数据流程图（DFD）：描述数据处理过程的工具，是需求理解的逻辑模型的图形表示，它直接支持系统功能建模。数据流程图是结构化需求分析阶段所使用的工具。

6. 【答案】 B

【解析】通常将软件产品从提出、实现、使用维护到停止使用退役的过程称为软件生命周期。详细设计属于开发阶段。

7. 【答案】 A

【解析】数据库管理系统提供以下的数据语言：

① 数据定义语言：负责数据的模式定义与数据的物理存取构建。

② 数据操纵语言：负责数据的操纵，如查询与增、删、改等。

③ 数据控制语言：负责数据完整性、安全性的定义与检查，以及并发控制、故障恢复等。

8. 【答案】 D

【解析】一个数据库中有若干张数据表，每张数据表是由若干条记录（行）组成的，每条记录又由若干个字段（列）组成。存取一个学生信息的数据单位是记录（表中的一行）。

9. 【答案】 C

【解析】数据库设计主要包括：需求分析阶段、概念设计阶段、逻辑设计阶段和物理设计阶段。

① 需求分析阶段：准确了解与分析用户需求（包括数据与处理），是整个设计过程的基础，是最困难、最耗费时间的一步。

② 概念设计阶段：是整个数据库设计的关键，通过对用户的需求进行综合、归纳与抽象，形成一个独立于具体 DBMS 的概念模型，从实际到理论。概念设计主要进行 E-R 模型设计。

③ 逻辑结构设计阶段：逻辑结构设计主要工作是将 E-R 图转换成指定 RDBMS 中的关系模式。首先，从 E-R 图到关系模式的转换是比较直接的，实体与联系都可以表示成关系，E-R 图中的属性也可以转换成关系的属性。

④ 数据库物理设计阶段：为逻辑数据模型选取一个最适合应用环境的物理结构（包括存储结构和存取方法）。

10. 【答案】 A

【解析】关系运算包括传统的集合运算和专门的关系运算。根据题意，关系 T 是由关系 R 通过选择操作得到的。

1.13 公共基础知识试题（13）

1.13.1 公共基础知识试题

1. 下列不属于文件属性的是（　　）。

A. 文件类型　　B. 文件名称　　C. 文件内容　　D. 文件长度

2. 下列叙述正确的是（　　）。

A. 在栈中，栈中元素随栈底指针与栈顶指针的变化而动态变化

B. 在栈中，栈顶指针不变，栈中元素随栈底指针的变化而动态变化

C. 在栈中，栈底指针不变，栈中元素随栈顶指针的变化而动态变化

D. 上述三种说法都不对

3. 软件测试的目的是（　　）。

A. 评估软件可靠性　　B. 发现并改正程序中的错误

C. 改正程序中的错误　　D. 发现程序中的错误

4. 下列描述不属于软件危机表现的是（　　）。

A. 软件过程不规范　　B. 软件开发生产率低

C. 软件质量难以控制　　D. 软件成本不断提高

5. 软件生命周期是指（　　）。

A. 软件产品从提出、实现、使用维护到停止使用退役的过程

B. 软件从需求分析、设计、实现到测试完成的过程

C. 软件的开发过程

D. 软件的运行维护过程

6. 面向对象方法中，继承是指（　　）。

A. 一组对象所具有的相似性质　　B. 一个对象具有另一个对象的性质

C. 各对象之间的共同性质　　D. 类之间共享属性和操作的机制

7. 层次模型、网状模型和关系模型数据库的划分原则是（　　）。

A. 记录长度　　B. 文件的大小

C. 联系的复杂程度　　D. 数据之间的联系方式

8. 一个工作人员可以使用多台计算机，而一台计算机可被多个人使用，则实体工作人员与实体计算机之间的联系是（　　）。

A. 一对一　　B. 一对多　　C. 多对多　　D. 多对一

9. 数据库设计中反映用户对数据要求的模式是（　　）。

A. 内模式　　B. 概念模式　　C. 外模式　　D. 设计模式

10. 有三个关系 *R*、*S* 和 *T* 如图 1-13 所示。

R

A	*B*	*C*
a	1	2
b	2	1
c	3	1

S

A	*D*
c	4

T

A	*B*	*C*	*D*
c	3	1	4

图 1-13　第 10 题的三个关系表

则由关系 *R* 和 *S* 得到关系 *T* 的操作是（　　）。

A. 自然连接　　B. 交　　C. 投影　　D. 并

1.13.2　公共基础知识试题答案和解析

1. **【答案】**　C

【解析】文件是指一组带标识（标识即为文件名）的具有完整逻辑意义的相关信息的集合。文件属性包括文件类型、文件名称、文件长度、文件的物理地址、文件的建立时间等。

2. **【答案】**　C

【解析】栈（Stack）是一种只允许在一端进行插入和删除的线性表，它是一种操作受限的线性表。在表中只允许进行插入和删除的一端称为栈顶(Top)，另一端称为栈底(Bottom)。栈的插入操作通常称为入栈（Push），而栈的删除操作则称为出栈或退栈（Pop）。当栈中无数据元素时，称为空栈。栈按照“先进后出”（FILO）或“后进先出”（LIFO）的原则组织数据，栈具有记忆作用。栈能顺序存储，也能链式存储。对栈进行插入和删除操作时，都在栈顶操作，栈底指针不变。

3. **【答案】**　D

【解析】软件测试是为了发现错误而执行程序的过程。

4. **【答案】**　A

【解析】20 世纪 60 年代末以后，“软件危机”这个词频繁出现。所谓软件危机，是泛指在计算机软件的开发和维护过程中所遇到的一系列严重问题。具体地说，在软件开发和维护过程中，软件危机主要表现在：

① 软件需求的增长得不到满足。用户对系统不满意的情况经常发生。

② 软件开发成本和进度无法控制。开发成本超出预算，开发周期大大超过规定日期的情况经常发生。

③ 软件质量难以保证。

④ 软件不可维护或维护程度非常低。

⑤ 软件的成本不断提高。

⑥ 软件开发生产率的提高赶不上硬件的发展和应用需求的增长。

总之，可以将软件危机归结为成本、质量、生产率等问题。

5. 【答案】 A

【解析】通常将软件产品从提出、实现、使用维护到停止使用退役的过程称为软件生命周期。也就是说，软件产品从考虑其概念开始，到该软件产品不能使用为止的整个时期都属于软件生命周期。

6. 【答案】 D

【解析】在面向对象方法中，类之间共享属性和操作的机制称为继承。继承是指能够直接获得已有的性质和特征，而不必重复定义他们。继承分单继承和多重继承。单继承指一个类只允许有一个父类，多重继承指一个类允许有多个父类。

7. 【答案】 D

【解析】数据模型就是从现实世界到机器世界的一个中间层次，是数据库管理系统用来表示实体及实体间联系的方法。任何一个数据库管理系统都是基于某种数据模型的。数据库管理系统所支持的数据模型有三种：层次模型、网状模型和关系模型。层次模型用树形结构表示各类实体以及实体之间的联系。网状模型用图结构表示各类实体以及实体之间的联系。关系模型是用二维表来表示实体及实体之间联系的数据模型。

8. 【答案】 C

【解析】实体之间的对应关系称为联系。联系有三种类型：一对一联系、一对多联系和多对多联系。一个工作人员可以使用多台计算机，而一台计算机可被多个人使用，则实体“工作人员”与实体“计算机”之间为多对多联系。

9. 【答案】 C

【解析】数据库系统的三级模式结构是指数据库系统是由模式、外模式和内模式这三级模式构成的。模式的三个级别层次反映了模式的三个不同环境以及它们的不同要求，其中内模式处于底层，它反映了数据在计算机物理结构中的实际存储形式。概念模式处于中层，它反映了设计者的数据全局逻辑要求。而外模式处于最外层，它反映了用户对数据的要求。

10. 【答案】 A

【解析】根据题意，关系 T 是由关系 R 和关系 S 通过“自然连接”运算得到的。

1.14　公共基础知识试题（14）

1.14.1　公共基础知识试题

1. 一个正在运行的进程由于所申请的资源得不到满足要调用（　　）。

　A．创建进程原语　　　　B．撤销进程原语

　C．唤醒进程原语　　　　D．阻塞进程原语

2. 下列叙述正确的是（　　）。

　A．有一个以上根结点的数据结构不一定是非线性结构

　B．只有一个根结点的数据结构不一定是线性结构

　C．循环链表是非线性结构

　D．双向链表是非线性结构

3. 某二叉树共有 7 个结点，其中叶子结点只有 1 个，则该二叉树的深度为（　　）（假设根结点在第 1 层）。

A. 3　　B. 4　　C. 6　　D. 7

4. 在软件开发中，需求分析阶段产生的主要文档是（　　）。

A. 软件集成测试计划　　B. 软件详细设计说明书

C. 用户手册　　D. 软件需求规格说明书

5. 结构化程序所要求的基本结构不包括（　　）。

A. 顺序结构　　B. GOTO 跳转

C. 选择（分支）结构　　D. 重复（循环）结构

6. 下面描述错误的是（　　）。

A. 系统总体结构图支持软件系统的详细设计

B. 软件设计是将软件需求转换为软件表示的过程

C. 数据结构与数据库设计是软件设计的任务之一

D. PAD 图是软件详细设计的表示工具

7. 负责数据库中查询操作的数据库语言是（　　）。

A. 数据定义语言　　B. 数据管理语言

C. 数据操纵语言　　D. 数据控制语言

8. 一个教师可讲授多门课程，一门课程可由多个教师讲授。则实体教师和课程间的联系是（　　）。

A. 1∶1 联系　　B. 1∶m 联系

C. m∶1 联系　　D. m∶n 联系

9. 定义无符号整数类为 UInt，下面可作为类 UInt 实例化值的是（　　）。

A. –369　　B. 369

C. 0.369　　D. 整数集合 {1,2,3,4,5}

10. 有三个关系 R、S 和 T 如图 1-14 所示。

R

A	B	C
a	1	2
b	2	1
c	3	1

S

A	B
c	3

T

C
1

图 1-14　第 10 题的三个关系表

则由关系 R 和 S 得到关系 T 的操作是（　　）。

A. 自然连接　　B. 交　　C. 除　　D. 并

1.14.2　公共基础知识试题答案和解析

1. 【答案】　D

【解析】一个正在运行的进程由于所申请的资源得不到满足，进程将从运行状态变迁为等待（阻塞）状态，需要调用阻塞进程原语。

2. 【答案】 B

【解析】一个非空的数据结构如果满足下列三个条件：①有且只有一个根结点；②每一个结点最多有一个前件，也最多有一个后件；③在一个线性结构中插入或删除任何一个结点后还应该是线性结构，则称为线性结构。反之，则称为非线性结构。有一个以上的根结点的数据结构一定是非线性结构，所以选项 A 是错误的。二叉树只有一个根结点，但它是非线性结构，所以选项 B 的说法是正确的。循环链表和双向链表都是线性结构，所以选项 C 和选项 D 的说法也是错误的。

3. 【答案】 D

【解析】根据二叉树的性质 3：度为 0 的结点总比度为 2 的结点多 1 个。已知叶子结点数为 1，所以度为 2 的结点数为 0，也就是没有度为 2 的结点，故答案为 D。

4. 【答案】 D

【解析】软件需求规格说明书是需求分析阶段的最后成果，是软件开发中重要文档之一。软件需求规格说明书的作用是：

① 便于用户、开发人员进行理解和交流。

② 反映出用户问题的结构，可以作为软件开发工作的基础和依据。

③ 作为确认测试和验收的依据。

5. 【答案】 B

【解析】结构化程序使用顺序、选择（分支）和重复（循环）三种基本控制结构表示程序的控制逻辑。

6. 【答案】 A

【解析】系统总体结构图支持软件系统的概要设计，因此选项 A 是错误的。

7. 【答案】 C

【解析】数据库管理系统提供下列语言：

① 数据定义语言：负责数据的模式定义与数据的物理存取构建。

② 数据操纵语言：负责数据的操纵，如查询与增、删、改等。

③ 数据控制语言：负责数据完整性、安全性的定义与检查以及并发控制、故障恢复等。

8. 【答案】 D

【解析】实体之间的对应关系称为联系。联系有三种类型：一对一联系、一对多联系和多对多联系。一个教师可讲授多门课程，一门课程可由多个教师讲授。则实体“教师”与实体“课程”之间的联系为多对多。

9. 【答案】 B

【解析】类是指具有共同属性、共同方法的对象的集合。类是对象的抽象，对象是对应类的一个实例。定义无符号整数类为 UInt，可以作为类 UInt 实例化值的应该是 B。选项 A 为有符号，C 为小数，D 为整数集合。

10. 【答案】 C

【解析】除法运算表示为 $R \div S$。应满足的条件是：关系 S 的属性全部包含在关系 R 中，关系 R 的一些属性不包含在关系 S 中。除法运算的结果也是关系，关系中的属性由 R 中除去 S 中的属性之外的全部属性组成。元组由 R 与 S 中在所有相同属性上有相等值的那些元组组成。根据题意，本题答案为 C。

1.15　公共基础知识试题（15）

1.15.1　公共基础知识试题

1. 下列关于冯·诺依曼结构计算机硬件组成方式描述正确的是（　　）。

A. 由运算器和控制器组成

B. 由运算器、存储器和控制器组成

C. 由运算器、寄存器和控制器组成

D. 由运算器、存储器、控制器、输入设备和输出设备组成

2. 下列关于线性链表的叙述正确的是（　　）。

A. 各数据结点的存储空间可以不连续，但它们的存储顺序与逻辑顺序必须一致

B. 各数据结点的存储顺序与逻辑顺序可以不一致，但它们的存储空间必须连续

C. 进行插入与删除时，不需要移动表中的元素

D. 以上三种说法都不对

3. 下列关于二叉树的叙述正确的是（　　）。

A. 叶子结点总是比度为 2 的结点少一个

B. 叶子结点总是比度为 2 的结点多一个

C. 叶子结点数是度为 2 的结点数的两倍

D. 度为 2 的结点数是度为 1 的结点数的两倍

4. 下列选项属于面向对象设计方法主要特征的是（　　）。

A. 继承　　B. 自顶向下　　C. 模块化　　D. 逐步求精

5. 软件按功能可以分为应用软件、系统软件和支撑软件（或工具软件），下列属于应用软件的是（　　）。

A. 学生成绩管理系统　　B. C 语言编译程序

C. UNIX 操作系统　　D. 数据库管理系统

6. 某系统总体结构图如图 1-15 所示。

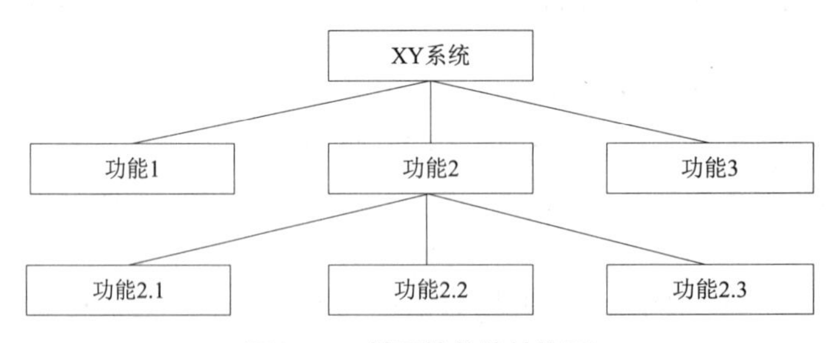

图 1-15　某系统总体结构图

该系统总体结构图的深度是（　　）。

A. 7　　B. 6　　C. 3　　D. 2

7. 程序调试的任务是（　　）。

A. 设计测试用例　　B. 验证程序的正确性

C. 发现程序中的错误　　D. 诊断和改正程序中的错误

8．下列关于数据库设计的叙述正确的是（ ）。

A．在需求分析阶段建立数据字典　B．在概念设计阶段建立数据字典

C．在逻辑设计阶段建立数据字典　D．在物理设计阶段建立数据字典

9．数据库系统的三级模式不包括（ ）。

A．概念模式　B．内模式　C．外模式　D．数据模式

10．有三个关系 R、S 和 T 如图 1-16 所示。

R

A	B	C
a	1	2
b	2	1
c	3	1

S

A	B	C
a	1	2
b	2	1

T

A	B	C
c	3	1

图 1-16　第 10 题的三个关系表

则由关系 R 和 S 得到关系 T 的操作是（ ）。

A．自然连接　B．差　C．交　D．并

1.15.2　公共基础知识试题答案和解析

1．【答案】 D

【解析】计算机基本结构的设计采用冯·诺依曼提出的思想和原理，人们把符合这种设计的计算机称为冯·诺依曼机。冯·诺依曼思想中指出计算机硬件由运算器、存储器、控制器、输入设备和输出设备五大基本部件组成。

2．【答案】 C

【解析】在链式存储方式中，每个结点由两部分组成：一部分用于存放数据元素值，称为数据域；另一部分用于存放指针，称为指针域。其中，指针用于指向该结点的前一个或后一个结点（即前件或后件）。在链式存储方式中，存储空间可以是连续的，也可以是不连续的，各个数据结点的存储顺序与数据元素之间的逻辑结构可以不一致，数据结构的逻辑结构由指针域来确定。线性链表是线性表的链式存储，进行插入与删除时，不需要移动表中的元素。因此本题答案为 C。

3．【答案】 B

【解析】根据二叉树的性质 3：度为 0 的结点（叶子结点）总比度为 2 的结点多 1 个。故答案为 B。

4．【答案】 A

【解析】结构化程序设计方法的四条原则是：自顶向下，逐步求精，模块化，限制使用 goto 语句。面向对象设计方法的主要特征是：标识唯一性、分类性、多态性、封装性、模块独立性好、继承性。

5．【答案】 A

【解析】软件按功能可分为：应用软件、系统软件和支撑软件（或工具软件）。学生成绩管理系统属于应用软件。

6．【答案】 C

【解析】结构图中的有关术语：

深度：表示控制的层数。

宽度：整体控制跨度（最大模块数的层）的表示。

扇入：调用一个给定模块的模块数。

扇出：一个模块直接调用其他模块的个数。

原子模块：树中位于叶子结点的模块数。

7. 【答案】 D

【解析】程序调试又称 Debug，它的任务是诊断和改正程序中的错误。

8. 【答案】 A

【解析】在数据库应用系统中的一个核心问题就是设计一个能满足用户要求，性能良好的数据库，这就是数据库设计。数据库设计目前一般采用生命周期法，即将整个数据库应用系统的开发分解成目标独立的若干阶段。它们是：需求分析阶段、概念设计阶段、逻辑设计阶段、物理设计阶段、编码阶段、测试阶段、进一步修改阶段。在数据库设计中采用上面几个阶段中的前四个阶段，并且重点以数据结构与模型的设计为主线。需求收集和分析是数据库设计的第一阶段，这一阶段收集到的基础数据和一组数据流图是下一步设计概念的基础。数据字典是进行详细的数据收集和数据分析所获得的主要结果。

9. 【答案】 D

【解析】数据库系统的三级模式结构是指数据库系统是由模式（也称逻辑模式或概念模式）、外模式和内模式这三级模式构成的。

10. 【答案】 B

【解析】关系运算包括传统的集合运算和专门的关系运算。根据题意，关系 *T* 是由关系 *R* 和关系 *S* 通过差操作得到的。

1.16 公共基础知识试题（16）

1.16.1 公共基础知识试题

1. 在计算机内部表示指令和数据应采用（　　）。

A. ASCII 码　　B. 二进制与八进制

C. 二进制、八进制、与十六进制　　D. 二进制

2. 下列叙述正确的是（　　）。

A. 栈是一种先进先出的线性表　　B. 队列是一种后进先出的线性表

C. 栈和队列都是非线性结构　　D. 以上三种说法都不对

3. 一棵二叉树共有 25 个结点，其中 5 个是叶子结点，则度为 1 的结点数为（　　）。

A. 4　　B. 10　　C. 6　　D. 16

4. 在下列模式中，能够给出数据库物理存储结构与物理存取方法的是（　　）。

A. 内模式　　B. 外模式　　C. 概念模式　　D. 逻辑模式

5. 在满足实体完整性约束的条件下（　　）。

A. 一个关系中必须有多个候选关键字

B．一个关系中只能有一个候选关键字

C．一个关系中应该有一个或多个候选关键字

D．一个关系中可以没有候选关键字

6．软件生命周期中的活动不包括（　　）。

A．需求分析　　B．市场调研　　C．软件测试　　D．软件维护

7．下列不属于需求分析阶段任务的是（　　）。

A．确定软件系统的功能需求　　B．制订软件集成测试计划

C．确定软件系统的性能需求　　D．需求规格说明书评审

8．在黑盒测试方法中，设计测试用例的主要根据是（　　）。

A．程序内部逻辑　　B．程序流程图

C．程序数据结构　　D．程序外部功能

9．在软件设计中不使用的工具是（　　）。

A．数据流图（DFD 图）　　B．PAD 图

C．系统结构图　　D．程序流程图

10．有三个关系 R、S 和 T 如图 1-17 所示。

R

A	B	C
a	1	2
b	2	1
c	3	1

S

A	B	C
a	1	2
d	2	1

T

A	B	C
b	2	1
c	3	1

图 1-17　第 10 题的三个关系表

则由关系 R 和 S 得到关系 T 的操作是（　　）。

A．差　　B．自然连接　　C．交　　D．并

1.16.2　公共基础知识试题答案和解析

1．【答案】　D

【解析】计算机内部采用二进制来表示指令和数据。

2．【答案】　D

【解析】栈是按照“先进后出”或“后进先出”的原则组织数据的；队列是按照“先进先出”或“后进后出”的原则组织数据的；栈和队列都是线性结构。因此本题答案为 D。

3．【答案】　D

【解析】根据二叉树的性质 3：度为 0 的结点（叶子结点）总比度为 2 的结点多 1 个。现叶子结点为 5 个，所以度为 2 的结点为 4 个。度为 1 的结点 = 总结点数 − 度为 2 的结点 − 度为 0 的结点 =25−4−5=16，故本题答案为 D。

4．【答案】　A

【解析】数据库系统的三级模式结构是指数据库系统是由概念模式、外模式和内模式三级构成的。模式的三个级别层次反映了模式的三个不同环境以及它们的不同要求，其中内模式处于底层，它反映了数据在计算机物理结构中的实际存储形式。概念模式处于中层，

它反映了设计者的数据全局逻辑要求。而外模式处于最外层，它反映了用户对数据的要求。

5. 【答案】 C

【解析】实体完整性约束是指约束关系的主属性值不能为空值；如果一个属性包含在一个关系的候选码（候选关键字）中，则称为主属性。如果关系满足实体完整性，那么必须有候选码（候选关键字）。在关系中，可以有一个或多个候选关键字。从候选关键字中找出一个作为主关键字（主键）。

6. 【答案】 B

【解析】通常将软件产品从提出、实现、使用维护到停止使用退役的过程称为软件生命周期。也就是说，软件产品从考虑其概念开始，到该软件产品不能使用为止的整个时期都属于软件生命周期。

选项 B“市场调研”不属于软件生命周期中的活动。

7. 【答案】 B

【解析】需求分析是指用户对目标系统的功能、行为、性能、设计约束等方面的期望。需求分析的任务是发现需求、求精、建模和定义需求的过程。需求分析将创建所需数据模型、功能模型和控制模型。

需求分析阶段包括四个方面：

① 需求获取。确定对目标系统的各方面需求。

② 需求分析。对获取的需求进行分析和综合，最终给出系统的解决方案和目标系统的逻辑模型。

③ 编写需求规格说明书。说明书作为需求分析的阶段成果，可为用户、分析人员和设计人员之间的交流提供方便，可以直接支持目标软件系统的确认，又可作为控制软件开发进程的依据。

④ 需求评审。需求分析最后一关，对需求分析阶段的工作进行复审，验证需求文档的一致性、可行性、完整性和有效性。

8. 【答案】 D

【解析】软件测试可分为白盒测试和黑盒测试。

黑盒测试又称功能测试或数据驱动测试，是对软件已经实现的功能是否满足需求进行的测试和验证。黑盒测试完全不考虑程序内部的逻辑结构和内部特性，只依据程序的需求和功能规格说明，检查程序的功能是否符合它的功能说明。所以，黑盒测试是在软件接口处进行，完成功能验证。因此本题答案为 D。

9. 【答案】 A

【解析】数据流图（DFD 图）：描述数据处理过程的工具，是需求理解的逻辑模型的图形表示，它直接支持系统功能建模。数据流图（DFD 图）是结构化需求分析阶段所使用的工具。

10. 【答案】 A

【解析】关系运算包括传统的集合运算和专门的关系运算。根据题意，关系 T 是由关系 R 和关系 S 通过差操作得到的。

1.17　公共基础知识试题（17）

1.17.1　公共基础知识试题

1. 用来解决 CPU 和主存之间速度不匹配问题的方法是（　　）。

A. 扩大主存容量

B. 扩大 CPU 中通用寄存器的数量

C. 提高主存储器访问速度

D. 在主存储器和 CPU 之间增加高速缓冲存储器

2. 对于循环队列，下列叙述正确的是（　　）。

A. 队尾指针是固定不变的

B. 队头指针一定大于队尾指针

C. 队头指针一定小于队尾指针

D. 队头指针可以大于队尾指针，也可以小于队尾指针

3. 下列关于栈的叙述正确的是（　　）。

A. 栈底元素一定是最后入栈的元素

B. 栈顶元素一定是最先入栈的元素

C. 栈操作遵循先进后出的原则

D. 以上三种说法都不对

4. 在关系数据库中，用来表示实体间联系的是（　　）。

A. 属性　　B. 二维表

C. 网状结构　　D. 树状结构

5. 公司中有多个部门和多名职员，每个职员只能属于一个部门，一个部门可以有多名职员，则实体部门和职员间的联系是（　　）。

A. 1∶1 联系　　B. m∶1 联系

C. 1∶m 联系　　D. m∶n 联系

6. 数据字典（DD）所定义的对象都包含于（　　）。

A. 数据流图（DFD 图）　　B. 程序流程图

C. 软件结构图　　D. 方框图

7. 软件需求规格说明书的作用不包括（　　）。

A. 软件验收的依据

B. 用户与开发人员对软件要做什么的共同理解

C. 软件设计的依据

D. 软件可行性研究的依据

8. 下列属于黑盒测试方法的是（　　）。

A. 语句覆盖　　B. 逻辑覆盖

C. 边界值分析　　D. 路径覆盖

9. 下列不属于软件设计阶段任务的是（　　）。

A. 软件总体设计　　B. 算法设计

C．制订软件确认测试计划　　　　　D．数据库设计

10．有两个关系 R 和 S 如图 1-18 所示。

R

A	B	C
a	1	2
b	2	1
c	3	1

S

A	B	C
c	3	1

图 1-18　第 10 题的两个关系表

则由关系 R 得到关系 S 的操作是（　　）。

A．选择　　B．投影　　C．自然连接　　D．并

1.17.2　公共基础知识试题答案和解析

1.【答案】 D

【解析】使用 cache 改善系统性能的依据是程序的局部性原理。依据局部性原理，把主存储器中访问概率高的内容存放在 cache 中。当 CPU 需要读取数据时，首先在 cache 中查找是否有所需内容，如果有，则直接从 cache 中读取；若没有，再从主存中读取该数据，然后同时送往 CPU 和 cache。如果 CPU 需要访问的内容大多能在 cache 中找到 (称为访问命中)，则可以大大提高系统性能。

2.【答案】 D

【解析】循环队列就是将队列存储空间的最后一个位置绕到第一个位置，形成逻辑上的环状空间，供队列循环使用，因此它仍然是线性结构。循环队列有队头指针和队尾指针，队列中元素的个数是由队头指针和队尾指针共同决定的。为了能区分队列满还是队列空，通常需要增加一个标志 S。队列空的条件为 S=0，队列满的条件为 S=1，rear=front。

3.【答案】 C

【解析】栈（Stack）是一种只允许在一端进行插入和删除的线性表，它是一种操作受限的线性表。在表中只允许进行插入和删除的一端称为栈顶(Top)，另一端称为栈底(Bottom)。栈的插入操作称为入栈（Push），而栈的删除操作则称为出栈或退栈（Pop）。当栈中无数据元素时，称为空栈。栈按照“先进后出”（FILO）或“后进先出”（LIFO）的原则组织数据，栈具有记忆作用。

4.【答案】 B

【解析】在关系数据库中，用二维表来表示实体与实体之间联系。一个二维表又称为一个关系。

5.【答案】 C

【解析】实体之间的对应关系称为联系。联系有三种类型：一对一联系、一对多联系、多对多联系。本题中，实体“部门”与实体“职员”之间的联系是一对多联系，故答案为 C。

6.【答案】 A

【解析】数据流图（DFD）：描述数据处理过程的工具，是需求理解的逻辑模型的图形表示，它直接支持系统功能建模。

数据字典（DD）：对所有与系统相关的数据元素的一个有组织的列表，以及精确的、严格的定义，使得用户和系统分析员对于输入 / 输出、存储成分和中间计算结果有共同的理解。概括来说，数据字典的作用是对 DFD 中出现的被命名的图形元素的确切的解释。

7. 【答案】 D

【解析】软件需求规格说明书是需求分析阶段的最后成果，是软件开发中重要文档之一。

软件需求规格说明书的作用是：

① 便于用户、开发人员进行理解和交流。

② 反映出用户问题的结构，可以作为软件开发工作的基础和依据。

③ 作为确认测试和验收的依据。

软件需求规格说明书的特点及优先级如下：正确性、无歧义性、完整性、可验证性、一致性、可理解性、可追踪性。

软件可行性研究发生在软件需求规格说明书之前。

8. 【答案】 C

【解析】软件测试按功能可分为白盒测试和黑盒测试。

白盒测试又称结构测试或逻辑驱动测试，在程序内部进行，主要用于完成软件内部操作的验证。白盒测试的基本原则：保证所测模块中每一独立路径至少要执行一次；保证所测模块所有判断的每一分支至少执行一次；保证所测模块每一循环都在边界条件和一般条件下至少各执行一次。验证所有内部数据结构的有效性。白盒测试的主要方法：逻辑覆盖、基本路径测试。

黑盒测试又称功能测试或数据驱动测试，是对软件已经实现的功能是否满足需求进行的测试和验证。黑盒测试完全不考虑程序内部的逻辑结构和内部特性，只依据程序的需求和功能规格说明，检查程序的功能是否符合它的功能说明。所以，黑盒测试是在软件接口处进行，完成功能验证。黑盒测试主要诊断功能不对或遗漏、界面错误、数据结构或外部数据库访问错误、性能错误、初始化和终止条件错。黑盒测试的主要方法：等价类划分法、边界值分析法、错误推测法、因果法。

9. 【答案】 C

【解析】制订软件确认测试计划属于测试阶段，不属于设计阶段。

10. 【答案】 A

【解析】关系运算包括传统的集合运算和专门的关系运算。根据题意，本题应选择 A。

1.18　公共基础知识试题（18）

1.18.1　公共基础知识试题

1. 下面关于存储器的叙述中正确的是（　　）。

A. CPU 能直接访问存储在内存中的数据，也能直接访问存储在外存中的数据

B. CPU 不能直接访问存储在内存中的数据，能直接访问存储在外存中的数据

C. CPU 只能直接访问存储在内存中的数据，不能直接访问存储在外存中的数据

D．CPU 不能直接访问存储在内存中的数据，也不能直接访问存储在外存中的数据

2．在下列链表中，能够从任意一个结点出发直接访问到所有结点的是（　　）。

A．单链表　　B．循环链表

C．双向链表　　D．二叉链表

3．下列与栈结构有关联的是（　　）。

A．数组的定义与使用　　B．操作系统的进程调度

C．函数的递归调用　　D．选择结构的执行

4．下列对软件特点描述不正确的是（　　）。

A．软件是一种逻辑实体，具有抽象性

B．软件开发、运行对计算机系统具有依赖性

C．软件开发涉及软件知识产权、法律及心理等社会因素

D．软件运行存在磨损和老化问题

5．下列属于黑盒测试方法的是（　　）。

A．基本路径测试　　B．等价类划分

C．判定覆盖测试　　D．语句覆盖测试

6．下列不属于软件设计阶段任务的是（　　）。

A．软件的功能确定　　B．软件的总体结构设计

C．软件的数据设计　　D．软件的过程设计

7．数据库管理系统是（　　）。

A．操作系统的一部分　　B．系统软件

C．一种编译系统　　D．一种通信软件系统

8．在 E-R 图中，表示实体的图元是（　　）。

A．矩形　　B．椭圆　　C．菱形　　D．圆

9．对图书进行编目时，图书有如下属性：ISBN 书号，书名，作者，出版社，出版日期，能作为关键字的是（　　）。

A．ISBN 书号　　B．书名

C．作者，出版社　　D．出版社，出版日期

10．有两个关系 R 和 S 如图 1-19 所示。

R

A	B	C
a	1	2
b	4	4
c	2	3
d	3	2

S

A	C
a	2
b	4
c	3
d	2

图 1-19　第 10 题的两个关系表

则由关系 R 得到关系 S 的操作是（　　）。

A．选择　　B．并　　C．投影　　D．自然连接

1.18.2　公共基础知识试题答案和解析

1. 【答案】　C

【解析】外存中数据被读入内存后，才能被 CPU 读取，CPU 不能直接访问外存。

2. 【答案】　B

【解析】循环队列就是将队列存储空间的最后一个位置绕到第一个位置，形成逻辑上的环状空间，供队列循环使用，因此它仍然是线性结构。

3. 【答案】　C

【解析】栈（Stack）是一种只允许在一端进行插入和删除的线性表，它是一种操作受限的线性表。在表中只允许进行插入和删除的一端称为栈顶(Top),另一端称为栈底(Bottom)。栈的插入操作称为入栈（Push），而栈的删除操作则称为出栈或退栈（Pop）。当栈中无数据元素时，称为空栈。栈按照“先进后出”（FILO）或“后进先出”（LIFO）的原则组织数据，栈具有记忆作用。

4. 【答案】　D

【解析】计算机软件是包括程序、数据及相关文档的完整集合。

软件的特点包括：

① 软件是一种逻辑实体。

② 软件的生产与硬件不同，它没有明显的制作过程。

③ 软件在运行、使用期间不存在磨损、老化问题。

④ 软件的开发、运行对计算机系统具有依赖性，受计算机系统的限制，这导致了软件移植的问题。

⑤ 软件复杂性高，成本昂贵。

⑥ 软件开发涉及诸多的社会因素。

5. 【答案】　B

【解析】软件测试按功能可分为白盒测试和黑盒测试。黑盒测试的主要方法：等价类划分法、边界值分析法、错误推测法、因果法。

6. 【答案】　A

【解析】软件的功能确定属于软件需求分析阶段的任务。

7. 【答案】　B

【解析】数据库管理系统是一种系统软件，负责数据库中的数据组织、数据操纵、数据维护、控制及保护和数据服务等，是数据库系统的核心。

8. 【答案】　A

【解析】实体-联系方法是最广泛使用的概念模型设计方法，该方法用 E-R 图来描述现实世界的概念模型。E-R 图提供了表示实体型、属性和联系的方法：

① 实体型：用矩形表示，矩形框内写明实体名。

② 属性：用椭圆形表示，并用连线将其与相应的实体连接起来。

③ 联系：用菱形表示，菱形框内写明联系名，并用连线分别与有关实体连接起来，同时在连线旁标上联系的类型（1:1、1:n 或 m:n）。

9. 【答案】 A

【解析】关键字：唯一地标识一元组的属性或属性集合。本题中 ISBN 书号是唯一标识一个元组的属性，所以 ISBN 书号可作为关键字。这里强调的是“唯一标识”，本题中，除“ISBN 书号”是唯一的，其他都不唯一。

10. 【答案】 C

【解析】选择运算是从关系中找出满足给定条件的元组的操作。投影运算是从关系模式中指定若干属性组成新的关系。根据题意，本题答案为 C。

第2章 WPS Office 高级应用与设计选择题

（共100道选择题）

2.1 WPS Office 高级应用与设计选择题（1）

2.1.1 WPS Office 高级应用与设计选择题

1. WPS首页的“最近”列表中，包含的内容是（　　）。

A. 最近打开过的文档　　B. 最近访问过的文件夹

C. 最近浏览过的网页　　D. 最近联系过的同事

2. 在WPS中，可以对PDF文件的内容添加批注，但不包含（　　）。

A. 注解　　B. 音频批注　　C. 文字批注　　D. 形状批注

3. 在WPS文字中，不可直接操作的是（　　）。

A. 插入智能图形　　B. 录制屏幕操作视频

C. 插入WPS表格图表　　D. 屏幕截图

4. 郝秘书在WPS文字中草拟一份会议通知，他希望该通知结尾处的日期能够随系统日期的变化而自动更新，最快捷的操作方法是（　　）。

A. 通过插入对象功能，插入一个可以链接到原文件的日期

B. 直接手动输入日期，然后将其格式设置为可以自动更新

C. 通过插入日期和时间功能，插入特定格式的日期并设置为自动更新

D. 通过插入域的方式插入日期和时间

5. 在WPS文字功能区中，拥有的选项卡分别是（　　）。

A. 开始、插入、编辑、页面布局、引用、邮件等

B. 开始、插入、页面布局、引用、审阅、视图等

C. 开始、插入、编辑、页面布局、选项、帮助等

D. 开始、插入、编辑、页面布局、选项、邮件等

6. 小胡利用WPS表格对销售人员的销售额进行统计，销售工作表中已包含每位销售人员对应的产品销量，且产品销售单价为308元，计算每位销售人员销售额的最优操作方法是（　　）。

A. 将单价308定义名称为“单价”，然后在计算销售额的公式中引用该名称

B. 将单价308输入到某个单元格中，然后在计算销售额的公式中相对引用该单元格

C. 直接通过公式“=销量×308”计算销售额

D. 将单价308输入到某个单元格中，然后在计算销售额的公式中绝对引用该单元格

7. 初二年级各班的成绩单分别保存在独立的 WPS 表格工作簿文件中，李老师需要将这些成绩单合并到一个工作簿文件中进行管理，最优的操作方法是（　　）。

A. 通过插入对象功能，将各班成绩单整合到一个工作簿中

B. 通过移动或复制工作表功能，将各班成绩单整合到一个工作簿中

C. 将各班成绩单中的数据分别通过复制、粘贴的命令整合到一个工作簿中

D. 打开一个班的成绩单，将其他班级的数据录入到同一个工作簿的不同工作表中

8. 在 WPS 表格工作表多个不相邻的单元格中输入相同的数据，最优的操作方法是（　　）。

A. 在其中一个位置输入数据，将其复制后，利用 <Ctrl> 键选择其他全部输入区域，再粘贴内容

B. 同时选中所有不相邻单元格，在活动单元格中输入数据，然后按 <Ctrl+Enter> 组合键

C. 在其中一个位置输入数据，然后逐次将其复制到其他单元格

D. 在输入区域最左上方的单元格中输入数据，双击填充柄，将其填充到其他单元格。

9. 可以在 PowerPoint 同一窗口显示多张幻灯片，并在幻灯片下方显示编号的视图是（　　）。

A. 幻灯片浏览视图　　B. 普通视图

C. 备注页视图　　D. 阅读视图

10. 如果需要在一个演示文稿的每页幻灯片左下角相同位置插入学校的校徽图片，最优的操作方法是（　　）。

A. 打开幻灯片母版视图，将校徽图片插入在母版中

B. 打开幻灯片浏览视图，将校徽图片插入在幻灯片中

C. 打开幻灯片放映视图，将校徽图片插入在幻灯片中

D. 打开幻灯片普通视图，将校徽图片插入在幻灯片中

2.1.2 WPS Office 高级应用与设计选择题答案和解析

1. 【答案】 A

【解析】打开 WPS 首页时，文档列表区域默认展示的是“最近”列表，“最近”列表里显示的是最近打开的文档，所以本题答案为 A。

2. 【答案】 B

PDF 批注中包含注解、文字批注和形状批注，没有音频批注，所以本题选择 B。

3. 【答案】 B

【解析】在 WPS 文字中，不可直接录制屏幕操作视频。

4. 【答案】 C

【解析】具体操作步骤：“插入”选项卡→“文本”选项组→“日期和时间”→选择一种日期格式→“自动更新”，这样插入的日期能够随系统日期的变化而自动更新。

5. 【答案】 B

【解析】在 WPS 文字功能区中，拥有的选项卡分别是开始、插入、页面布局、引用、审阅、视图等。

6. 【答案】 A

【解析】B 选项中相对引用该单元格，填充时单元格地址会改变。C 选项中如果单价改变，销售额不会随之改变。A、D 选项都能得到结果，但 A 选项将单价 308 定义名称为“单价”后更直观，且单价在同一个 WPS 表格中可以跨工作表使用。

7. 【答案】 B

【解析】可以通过移动操作在同一工作簿中改变工作表的位置或将工作表移动到另一个工作簿中；也可以通过复制操作在同一工作簿或不同的工作簿中快速生成工作表的副本。

8. 【答案】 B

【解析】要在 WPS 表格工作表多个不相邻的单元格中输入相同的数据，最优的操作方法是，按住 <Ctrl>，单击选择多个不相邻的单元格，直接输入数据，该数据会出现在当前单元格中，然后按 <Ctrl+Enter> 组合键。

9. 【答案】 A

【解析】幻灯片浏览视图可在同一窗口显示多张幻灯片，并在幻灯片下方显示编号，可对演示文稿的顺序进行排列和组织。但不能单独编辑某张幻灯片上的具体内容。

10. 【答案】 A

【解析】通过设计、制作和应用幻灯片母版可以使演示文稿具有统一的外观和风格。

2.2 WPS Office 高级应用与设计选择题（2）

2.2.1 WPS Office 高级应用与设计选择题

1. WPS 首页的共享列表中，不包含的内容为（　　）。

A．其他人通过 WPS 共享给我的文件夹

B．在操作系统中设置为“共享”属性的文件夹

C．其他人通过 WPS 共享给我的文件

D．我通过 WPS 共享给其他人的文件

2. WPS 可以对 PDF 页面进行的操作不包括（　　）。

A．将部分页面提取为独立 PDF 文件　B．删除部分页面

C．设置页面边距　D．插入空白页

3. 小马在一篇 WPS 文字中创建了一个漂亮的页眉，她希望在其他文档中还可以直接使用该页眉格式，最优的操作方法是（　　）。

A．将该文档另存为新文档，并在此基础上修改即可

B．将该文档保存为模板，下次可以在该模板的基础上创建新文档

C．将该页眉保存在页眉文档部件库中，以备下次调用

D．下次创建新文档时，直接从该文档中将页眉复制到新文档中

4. 小李的打印机不支持自动双面打印，但他希望将一篇在 WPS 文字中编辑好的论文连续打印在 A4 纸的正反两面上，最优的操作方法是（　　）。

A．先在文档中选择所有奇数页并在打印时设置“打印所选内容”，将纸张翻过来后，再选择打印偶数页

B．先单面打印一份论文，然后找复印机进行双面复印

C．打印时先设置“手动双面打印”，等 WPS 文字提示打印第二面时将纸张翻过来继续打印

D．打印时先指定打印所有奇数页，将纸张翻过来后，再指定打印偶数页

5．在 WPS 文字中编辑一篇文稿时，如需快速选取一个较长段落文字区域，最快捷的操作方法是（　　）。

A．直接用鼠标拖动选择整个段落

B．在段落的左侧空白处双击

C．在段首单击，按下 <Shift> 键不放再单击段尾

D．在段首单击，按下 <Shift> 键不放再按 <End> 键

6．如果 WPS 表格单元格值大于 0，则在本单元格中显示“已完成”；单元格值小于 0，则在本单元格中显示“还未开始”；单元格值等于 0，则在本单元格中显示“正在进行中”，最优的操作方法是（　　）。

A．使用条件格式命令

B．通过自定义单元格格式，设置数据的显示方式

C．使用 IF 函数

D．使用自定义函数

7．在 WPS 表格中，如需对 A1 单元格数值的小数部分进行四舍五入运算，最优的操作方法是（　　）。

A．=INT(A1)　　B．=INT(A1+0.5)

C．=ROUND(A1,0)　　D．=ROUNDUP(A1,0)

8．WPS 表格工作表 D 列保存了 18 位身份证号码信息，为了保护个人隐私，需将身份证信息的第 9 ～ 12 位用“*”表示，以 D2 单元格为例，最优的操作方法是（　　）。

A．=MID(D2,9,4,"****")

B．=CONCATENATE(MID(D2,1,8),"****",MID(D2,13,6))

C．=REPLACE(D2,9,4,"****")

D．=MID(D2,9,4,"****")

9．在 PowerPoint 演示文稿普通视图的幻灯片缩略图窗格中，需要将第 3 张幻灯片在其后面再复制一张，最快捷的操作方法是（　　）。

A．用鼠标拖动第三张幻灯片到第三、四幻灯片之间时按下 <Ctrl> 键并放开鼠标

B．右击第三张幻灯片，在弹出的快捷菜单中选择“复制幻灯片”命令

C．按下 <Ctrl> 键再用鼠标拖动第三张幻灯片到第三、四幻灯片之间

D．选择第三张幻灯片并通过复制、粘贴功能实现复制

10．在 PowerPoint 中可以通过分节来组织演示文稿中的幻灯片，在幻灯片浏览视图中选中一节中所有幻灯片的最优方法是（　　）。

A．按下 <Ctrl> 键不放，依次单击节中的幻灯片

B．直接拖动鼠标选择节中的所有幻灯片

C．选择节中第 1 张幻灯片，按下 <Shift> 键不放，再单击节中的末张幻灯片

D．单击节名称即可

2.2.2 WPS Office 高级应用与设计选择题答案和解析

1．【答案】 B

【解析】“共享”视图内展示的是你访问过的别人分享给你的文件列表，和你分享给他人的所有文件列表，所以本题答案为 B。

2．【答案】 C

【解析】在 WPS 的 PDF 中不能对页面的页边距进行编辑设置，所以本题答案为 C。

3．【答案】 C

【解析】在 WPS 文字中，不仅可以在文档中轻松地插入、修改预设的页面或页脚样式，还可以创建自定义外观的页眉和页脚，并将新的页眉或页脚保存到样式库中以便在其他文档中使用。

4．【答案】 C

【解析】当打印机不支持双面打印时，需要设置手动双面打印。在打印设置中选择“手动双面打印”命令，当奇数页面打印完毕后，系统提示重新放纸，然后将打印好的纸张翻面后重新放入打印机，然后单击提示对话框中的“确定”按钮。

5．【答案】 B

【解析】将鼠标移动到某一段落的左侧，当鼠标指针变成一个指向右边的箭头时，双击鼠标左键即可选定该段落。故本题答案为 B。

6．【答案】 B

【解析】题目中要求是通过判断本单元格的值，在本单元格中显示相应的文字。可以通过自定义单元格格式，设置数据的显示方式。设置自定义格式为：[>0]“已完成”；[<0]“未完成”；“正在进行中”。

7．【答案】 C

【解析】本题考查点是 WPS 表格公式。

INT( ) 函数：将数字向下舍入到最接近的整数。

ROUND( ) 函数：可将某个数字四舍五入为指定的位数。

ROUNDUP( ) 函数：远离零值，向上舍入数字。

B、C 选项都能得到正确的值，但是很明显 C 选项优于 B 选项，且更容易理解。故本题答案为 C。

8．【答案】 C

【解析】本题考查点是 WPS 表格中公式的运用。

MID( ) 函数：返回文本字符串中从指定位置开始的特定数目的字符。

CONCATENATE( ) 函数：将最多 255 个文本字符串连接成一个文本字符串。

REPLACE( ) 函数：使用其他文本字符串并根据所指定的字符数替换某文本字符串中的部分文本。

B 选项通过 CONCATENATE 函数将文本字符连接后输出，正确。

C 选项中运用 REPLACE 函数将身份证上的第九位开始的四位数字用“****”替换，正确。

B、C 选项都能得到正确的结果，但很明显 C 选项优于 B 选项。

9. 【答案】 B

【解析】在 PowerPoint 演示文稿普通视图的幻灯片缩略图窗格中，右击要复制的幻灯片，在弹出的快捷菜单中选择“复制幻灯片”的命令，即可在该幻灯片之后插入。

C 选项不能实现；ABD 选项均可以操作，相比之下，B 选项更方便快捷。

10. 【答案】 D

【解析】在对幻灯片进行分节的演示文稿中，单击节标题，即可选择该节下的所有幻灯片。

2.3 WPS Office 高级应用与设计选择题（3）

2.3.1 WPS Office 高级应用与设计选择题

1. 在 WPS 中可以创建多种类型的 PDF 签名，不支持的是（　　）。

A. 语音签名　　B. 文字签名　　C. 图片签名　　D. 手写签名

2. 关于 WPS 云文档，描述错误的是（　　）。

A. 云文档支持多人实时在线共同编辑

B. 云文档可以预览和恢复历史版本

C. 云文档需要通过 WPS Office 客户端进行编辑

D. 云文档可以通过链接分享给他人

3. 小王计划邀请 30 家客户参加答谢会，并为客户发送邀请函。快速制作 30 份邀请函的最优操作方法是（　　）。

A. 利用 WPS 文字的邮件合并功能自动生成。

B. 发动同事帮忙制作邀请函，每个人写几份。

C. 先在 WPS 文字中制作一份邀请函，通过复制、粘贴功能生成 30 份，然后分别添加客户名称。

D. 先制作好一份邀请函，然后复印 30 份，在每份上添加客户名称。

4. 将 WPS 文字中的大写英文字母转换为小写，最优的操作方法是（　　）。

A. 执行“引用”选项卡“格式”组中的“更改大小写”命令

B. 执行“开始”选项卡“字体”组中的“更改大小写”命令

C. 右击弹出快捷菜单，执行“更改大小写”命令

D. 执行“审阅”选项卡“格式”组中的“更改大小写”命令

5. 在 WPS 文字文档编辑状态下，将光标定位于任一段落位置，设置 1.5 倍行距后，结果将是（　　）。

A. 光标所在行按 1.5 倍行距调整格式

B. 光标所在段落按 1.5 倍行距调整格式

C. 全部文档没有任何改变

D. 全部文档按 1.5 倍行距调整段落格式

6. 小金从网站上查到了最近一次全国人口普查的数据表格，他准备将这份表格中的数据引用到 WPS 表格中以便进一步分析，最优的操作方法是（　　）。

A. 对照网页上的表格，直接将数据输入到 WPS 表格工作表中。

B. 先将包含表格的网页保存为 .htm 或 .mht 格式文件，然后在 WPS 表格中直接打开该文件。

C. 通过 WPS 表格中的“自网站获取外部数据”功能，直接将网页上的表格导入到 WPS 表格工作表中。

D. 通过复制、粘贴功能，将网页上的表格复制到 WPS 表格工作表中。

7. WPS 表格工作表 D 列保存了 18 位身份证号码信息，为了保护个人隐私，需将身份证信息的第 3、4 位和第 9、10 位用 "*" 表示，以 D2 单元格为例，最优的操作方法是（　　）。

A. =REPLACE(D2,9,2,"**")+REPLACE(D2,3,2,"**")

B. =REPLACE(D2,3,2,"**",9,2,"**")

C. =REPLACE(REPLACE(D2,9,2,"**"),3,2,"**")

D. =MID(D2,3,2,"**",9,2,"**")

8. 在 WPS 表格成绩单工作表中包含了 20 个同学成绩，C 列为成绩值，第一行为标题行，在不改变行列顺序的情况下，在 D 列统计成绩排名，最优的操作方法是（　　）。

A. 在 D2 单元格中输入“=RANK(C2,C$2:C$21)”，然后双击该单元格的填充柄

B. 在 D2 单元格中输入“=RANK(C2,$C2:$C21)”，然后向下拖动该单元格的填充柄到 D21 单元格

C. 在 D2 单元格中输入“=RANK(C2,C$2:C$21)”，然后向下拖动该单元格的填充柄到 D21 单元格

D. 在 D2 单元格中输入“=RANK(C2,$C2:$C21)”，然后双击该单元格的填充柄

9. 若需在 PowerPoint 演示文稿的每张幻灯片中添加包含单位名称的水印效果，最优的操作方法是（　　）。

A. 制作一个带单位名称的水印背景图片，然后将其设置为幻灯片背景

B. 在幻灯片母版的特定位置放置包含单位名称的文本框

C. 利用 PowerPoint 插入“水印”功能实现

D. 添加包含单位名称的文本框，并置于每张幻灯片的底层

10. 在 PowerPoint 中关于表格的叙述，错误的是（　　）。

A. 不能在表格单元格中插入斜线

B. 只要将光标定位到幻灯片中的表格，立即出现“表格工具”选项卡

C. 可以为表格设置图片背景

D. 在幻灯片浏览视图模式下，不可以向幻灯片中插入表格

2.3.2 WPS Office 高级应用与设计选择题答案和解析

1. **【答案】** A

【解析】WPS PDF 提供三种签名方式：图片签名、输入签名、手写签名，输入的是文字，所以本题答案为 A。

2. 【答案】 C

【解析】使用金山文档 Web 端（浏览器直接访问 kdocs.cn），可以通过目录或搜索直接打开需要多人编辑的文档，即可进入协同编辑模式，多人可以同时编辑同一份文档，所以本题答案为 C。

3. 【答案】 A

【解析】本题的考查点是 WPS 文字中邮件合并功能。WPS 文字的邮件合并可以将一个主文档与一个数据源结合起来，最终生成一系列输出文档。题目中需要制作 30 份邀请函，邀请函的内容分为固定和不固定，可利用邮件合并功能将邀请人的信息自动填写到邀请函文档中，形成 30 份不同客户的邀请函。

4. 【答案】 B

【解析】在“开始”选项卡“字体”选项组中有“更改大小写”按钮。

5. 【答案】 B

【解析】段落格式指控制段落外观的格式设置。例如，缩进、对齐、行距和分页。如果没有选中文档，进行段落设置后设置的是光标所在段落的格式，答案选 B。

6. 【答案】 C

【解析】通过“自网站获取外部数据”功能，可以直接将网页上的表格导入到 WPS 表格工作表中。

7. 【答案】 C

【解析】本题的考查点是 WPS 表格公式。

MID( ) 函数：返回文本字符串中从指定位置开始的特定数目的字符。

REPLACE( ) 函数：使用其他文本字符串并根据所指定的字符数替换某文本字符串中的部分文本。

A 选项，REPLACE(D2,9,2,"**") 返回的是第 9、10 位用 "*" 表示的身份证号，REPLACE(D2,3,2,"**") 返回的是第 3、4 位用 "*" 表示的身份证号，试图用加号将两个合并输出，所以 A 选项错误。

B 选项，公式运用错误，输入太多参数。

D 选项，公式运用错误，输入太多参数。

C 选项正确。

故本题答案为 C。

8. 【答案】 A

【解析】本题的考查点是 WPS 表格公式和数据填充。

=RANK(C2,$C2:$C21) 中 $C2 对列绝对引用，行数相对引用，向下填充时单元格地址改变。所以 B、D 选项错误。

=RANK(C2,C$2:C$21) 公式正确，A、C 选项都能得到正确的值，但 A 选项更简便。

故本题答案为 A。

9. 【答案】 B

【解析】在幻灯片母版的特定位置放置包含单位名称的文本框，则所有应用该母版的幻灯片都被自动添加了文本框。

10. 【答案】 A

【解析】在 PowerPoint 中插入表格后，可以编辑修改表格，包括设置文本对齐方式，调整表格大小和行高、列宽，插入和删除行（列）、合并与拆分单元格等，使用“绘制表格”工具可以表格单元格中插入斜线。选项 B、C、D 说法正确，故本题答案为 A。

2.4　WPS Office 高级应用与设计选择题（4）

2.4.1　WPS Office 高级应用与设计选择题

1. 下面关于云文档的说法中，错误的是（　　）。

A. 云文档是 WPS 为用户提供的硬盘文档储存服务

B. 用户可以将文档保存在其中，跨设备无缝同步和访问

C. 在开启文档云同步后，可在所有登录了同一账号的设备上无缝同步和访问打开过的文档

D. 云文档可以通过链接的形式分享给其他用户

2. 在 WPS 中打开 PDF 文件，通过左侧导航窗格无法查看的文档信息是（　　）。

A. 书签　　B. 缩略图　　C. 文档历史版本　　D. 文档附件

3. 小张完成了毕业论文，现需要在正文前添加论文目录以便检索和阅读，最优的操作方法是（　　）。

A. 直接输入作为目录的标题文字和相对应的页码创建目录。

B. 利用 WPS 文字提供的“手动目录”功能创建目录。

C. 将文档的各级标题设置为内置标题样式，然后基于内置标题样式自动插入目录。

D. 不使用内置标题样式，而是直接基于自定义样式创建目录

4. 在 WPS 文字中编辑一篇文稿时，纵向选择一块文本区域的最快捷操作方法是（　　）。

A. 按下 <Ctrl> 键不放，拖动鼠标分别选择所需的文本

B. 按下 <Shift> 键不放，拖动鼠标选择所需的文本

C. 按下 <Alt> 键不放，拖动鼠标选择所需的文本

D. 按 <Ctrl+Shift+F8> 组合键，然后拖动鼠标所需的文本

5. 下列操作中，不能在 WPS 文字文档中插入图片的操作是（　　）。

A. 使用“插入对象”功能　　B. 使用复制、粘贴功能

C. 使用“插入交叉引用”功能　　D. 使用“插入图片”功能

6. WPS 表格工作表 B 列保存了 11 位手机号码信息，为了保护个人隐私，需将手机号码的后四位均用 "*" 表示，以 B2 单元格为例，最优的操作方法是（　　）。

A. =MID(B2,7,4,"****")　　B. =REPLACE(B2,8,4,"****")

C. =REPLACE(B2,7,4,"****")　　D. =MID(B2,8,4,"****")

7. 在 WPS 表格工作表中存放了第一中学和第二中学所有班级总计 300 个学生的考试成绩，A 列到 D 列分别对应“学校”“班级”“学号”“成绩”，利用公式计算第一中学 3

班的平均分，最优的操作方法是（　　）。

A. =SUMIFS(D2:D301,A2:A301,"第一中学",B2:B301,"3班")/COUNTIFS(A2:A301,"第一中学",B2:B301,"3班")

B. =SUMIFS(D2:D301,B2:B301,"3班")/COUNTIFS(B2:B301,"3班")

C. =AVERAGEIFS(D2:D301,A2:A301,"第一中学",B2:B301,"3班")

D. =AVERAGEIF(D2:D301,A2:A301,"第一中学",B2:B301,"3班")

8. 小李正在 WPS 表格中编辑一个包含上千人的工资表，他希望在编辑过程中总能看到表明每列数据性质的标题行，最优的操作方法是（　　）。

A. 通过 WPS 表格的拆分窗口功能，使得上方窗口显示标题行，同时在下方窗口中编辑内容

B. 通过 WPS 表格的冻结窗格功能将标题行固定

C. 通过 WPS 表格的新建窗口功能，创建一个新窗口，并将两个窗口水平并排显示，其中上方窗口显示标题行

D. 通过 WPS 表格的打印标题功能设置标题行重复出现

9. 小李利用 PowerPoint 制作产品宣传方案，并希望在演示时能够满足不同对象的需要，处理该演示文稿的最优操作方法是（　　）。

A. 针对不同的人群，分别制作不同的演示文稿。

B. 制作一份包含适合所有人群的全部内容的演示文稿，然后利用自定义幻灯片放映功能创建不同的演示方案。

C. 制作一份包含适合所有人群的全部内容的演示文稿，每次放映时按需要进行删减。

D. 制作一份包含适合所有人群的全部内容的演示文稿，放映前隐藏不需要的幻灯片。

10. 在 PowerPoint 演示文稿中，不可以使用的对象是（　　）。

A. 图片　　B. 书签　　C. 超链接　　D. 视频

2.4.2 WPS Office 高级应用与设计选择题答案和解析

1. 【答案】 A

【解析】云文档保存在 WPS 云服务器上，登录 WPS，可以下载到您的电脑硬盘上，所以选择 A。

2. 【答案】 C

【解析】文档历史版本需要在 WPS 首页里查看，所以选择 C。

3. 【答案】 C

【解析】本题的考查点是 WPS 文字目录操作。

A 选项直接输入，过于烦琐。

B 选项中通过手动目录功能创建目录后，需要手动输入目录中的目录项。

C 选项中标题样式是指 Microsoft WPS 文字应用于标题的格式设置的内置样式。Microsoft WPS 文字有九个不同的内置样式：标题 1 到标题 9。通过将文档的各级标题设置为内置标题样式，然后基于内置标题样式自动插入目录。很明显 C 选项要优于 A、B 选项。

D 选项中基于自定义样式创建目录的前提是已将自定义样式应用于标题。

4. 【答案】 C

【解析】在 WPS 文字中编辑一篇文稿时，纵向选择一块文本区域的最快捷操作方法是按下 <Alt> 键不放，拖动鼠标选择所需的文本。

5. 【答案】 C

【解析】WPS 文字中的“交叉引用”功能，是指把 WPS 文字中插入的或自动生成的编辑引用到文档中，前提是被引用的对象必须是 WPS 文字中标准的相关编号，如 WPS 文字的多级编号生成的章节号，插入题注的表格号、图表编号等，不包括图片。故本题答案为 C。

6. 【答案】 B

【解析】REPLACE( ) 函数：使用其他文本字符串并根据所指定的字符数替换某文本字符串中的部分文本。

MID( ) 函数：返回文本字符串中从指定位置开始的特定数目的字符。

C 选项中，公式的结果是将手机号码的第 7 位开始的 4 位数用 **** 代替，根据题面要求，手机号码后四位应该是从第 8 位开始的 4 位数，所以 C 选项错误。

7. 【答案】 C

【解析】本题考查点是 WPS 表格中公式的运用。

SUMIFS( ) 函数表示对区域中满足多个条件的单元格求和。

COUNTIFS( ) 函数将条件应用于跨多个区域的单元格，并计算符合所有条件的次数。

AVERAGEIFS( ) 函数表示返回满足多重条件的所有单元格的平均值（算术平均值）。

AVERAGEIF( ) 函数返回某个区域内满足给定条件的所有单元格的平均值(算术平均值)。

A、C 选项正确都可以得到计算结果，但 C 选项明显优于 A 选项。

8. 【答案】 B

【解析】A 选项，使用拆分窗口将工作表拆分成四个小窗口，每个窗口都不能完全锁定标题行

C 选项，新开窗口且并排显示，两个窗口显示是同步的，也不能锁定标题行

D 选项，设置打印标题，在打印时有效，编辑时不能锁定标题行

B 选项，可以通过冻结窗口来锁定行列标题不随滚动条滚动，当前单元格上方的行和左侧的列始终保持可见，不会随着操作滚动条而消失。故本题答案为 B。

9. 【答案】 B

【解析】利用自定义幻灯片放映功能创建不同的演示方案。

10. 【答案】 B

【解析】在 PowerPoint 演示文稿中，不可以使用的对象是书签。

2.5 WPS Office 高级应用与设计选择题（5）

2.5.1 WPS Office 高级应用与设计选择题

1. 在 WPS 整合窗口模式下，不支持的文档切换方法是（　　）。

A. 通过 <Alt+Tab> 组合键快捷切换

B．直接单击 WPS 标签栏的对应标签进行切换

C．通过 <Ctrl+Tab> 组合键快捷切换

D．通过系统任务栏按钮悬停时展开的缩略图进行切换

2．WPS 支持的文件格式互相转换操作，不包括（　　）。

A．PDF 与 Office 互相转换　　B．PDF 与视频互相转换

C．图片与 Office 互相转换　　D．PDF 与图片互相转换

3．在 WPS 文字中有一个占用三页篇幅的表格，如需将这个表格的标题行都出现在各页面首行，最优的操作方法是（　　）。

A．打开“表格属性”对话框，在列属性中进行设置

B．打开“表格属性”对话框，在行属性中进行设置

C．利用“重复标题行”功能

D．将表格的标题行复制到另外两页中

4．在 WPS 文字中，学生“张小民”的名字被多次错误地输入为“张晓明”“张晓敏”“张晓民”“张晓名”，纠正该错误的最优操作方法是（　　）。

A．利用 WPS 文字“查找”功能搜索文本“张晓”，并逐一更正

B．利用 WPS 文字“查找和替换”功能搜索文本“张晓 *”，并将其全部替换为“张小民”

C．利用 WPS 文字“查找和替换”功能搜索文本“张晓？”，并将其全部替换为“张小民”

D．从前往后逐个查找错误的名字，并更正

5．小华利用 WPS 文字编辑一份书稿，出版社要求目录和正文的页码分别采用不同的格式，且均从第 1 页开始，最优的操作方法是（　　）。

A．在 WPS 文字中不设置页码，将其转换为 PDF 格式时再增加页码

B．将目录和正文分别存在两个文档中，分别设置页码

C．在目录与正文之间插入分节符，在不同的节中设置不同的页码

D．在目录与正文之间插入分页符，在分页符前后设置不同的页码

6．以下对 WPS 表格高级筛选功能，说法正确的是（　　）。

A．高级筛选通常需要在工作表中设置条件区域

B．高级筛选就是自定义筛选

C．高级筛选之前必须对数据进行排序

D．利用“数据”选项卡中的“排序和筛选”组内的“筛选”命令可进行高级筛选

7．在 WPS 表格工作表中，编码与分类信息以“编码 | 分类”的格式显示在了一个数据列内，若将编码与分类分为两列显示，最优的操作方法是（　　）。

A．将编码与分类列在相邻位置复制一列，将一列中的编码删除，另一列中的分类删除

B．使用文本函数将编码与分类信息分开

C．重新在两列中分别输入编码列和分类列，将原来的编码与分类列删除

D．在编码与分类列右侧插入一个空列，然后利用 WPS 表格的分列功能将其分开

8．小王要将一份通过 WPS 表格整理的调查问卷统计结果送交经理审阅，这份调查表包含统计结果和中间数据两个工作表。他希望经理无法看到其存放中间数据的工作表，最优的操作方法是（ ）。

A．将存放中间数据的工作表隐藏，然后设置保护工作表隐藏

B．将存放中间数据的工作表隐藏，然后设置保护工作簿结构

C．将存放中间数据的工作表移动到其他工作簿保存

D．将存放中间数据的工作表删除

9．在 PowerPoint 中可以通过多种方法创建一张新幻灯片，下列操作方法错误的是（ ）。

A．在普通视图的幻灯片缩略图窗格中定位光标，从“开始”选择卡上单击“新建幻灯片”按钮

B．在普通视图的幻灯片缩略图窗格中右击，从快捷菜单中选择“新建幻灯片”命令

C．在普通视图的幻灯片缩略图窗格中，定位光标后按 <Enter> 键

D．在普通视图的幻灯片缩略图窗格中定位光标，从“插入”选择卡上单击“幻灯片”按钮

10．在 PowerPoint 中制作演示文稿时，希望将所有幻灯片中标题的中文字体和英文字体分别统一为微软雅黑、Arial，正文的中文字体和英文字体分别统一为仿宋、Arial，最优的操作方法是（ ）。

A．在一张幻灯片中设置标题、正文字体，然后通过格式刷应用到其他幻灯片的相应部分

B．在幻灯片母版中通过“字体”对话框分别设置占位符中的标题和正文字体

C．通过自定义主题字体进行设置

D．通过“替换字体”功能快速设置字体

2.5.2 WPS Office 高级应用与设计选择题答案和解析

1. **【答案】** A

【解析】 <Alt+Tab> 组合键是快速切换当前打开的窗口，是切换应用程序，整合窗口时，所有文档都在一个 WPS 程序下，所以不能切换文档，所以本题答案为 A。

2. **【答案】** B

【解析】 在 WPS 中 PDF 和 Office 可以互相转换，图片和 Office 可以互相转换，PDF 和图片可以互相转换，但是 PDF 和视频不能，所以本题答案为 B。

3. **【答案】** C

【解析】 本题的考查点是 WPS 文字中表格的操作。在 WPS 文字中可以利用“重复标题行”功能，将表格的标题行都出现在各页面首行。

4. **【答案】** C

【解析】 本题考查的是通配符的使用，* 代表任意多个字符，而？代表的是一个字符。

5. 【答案】 C

【解析】本题的考查点是 WPS 文字中文档分页与分节。如果只是为了排版布局的需要，单纯地将文档中的内容划分为上下两页，则在文档中插入分页符。而在文档中插入分节符，不仅可以将文档内容划分为不同的页面，而且还可以分别针对不同的节进行页面设置操作。

6. 【答案】 A

【解析】本题考查点是 WPS 表格中的高级筛选。

A 选项，高级筛选通常需要在工作表中设置条件区域，所以 A 选项正确。

B 选项，自定义筛选属于自动筛选。

C 选项，高级筛选之前不需要对数据进行排序。

D 选项，利用“数据”选项卡中的“排序和筛选”选项组中的“高级按钮”可进行高级筛选。

7. 【答案】 D

【解析】选项 A、B、C、D 都可以将编码与分类分为两列，但 A、C 方法在处理大量数据时，较费时，选项 B 需要编写函数，函数会运行会占用内存，很明显 D 选项为最优操作。

8. 【答案】 B

【解析】若要隐藏某个工作表，可在该工作表标签上右击，从弹出的快捷菜单中选择“隐藏”命令。设置隐藏后，如果不希望他人对工作簿的结构或窗口进行改变时，可以设置工作簿保护；设置工作簿保护方法是：在“审阅”选项卡“更改”选项组中单击“保护工作簿”按钮，在打开的“保护结构和窗口”对话框中勾选“结构”复选框。

9. 【答案】 D

【解析】A、B、C 三项均可创建一张新的幻灯片；D 项中“插入”选项卡上无“幻灯片”按钮，该方法无法创建幻灯片。故答案为 D。

10. 【答案】 B

【解析】由于标题和正文的字体不同，不能通过“替换字体”功能统一替换，只能通过幻灯片母版进行设置。在“视图”选项卡“母版视图”工具组中单击“幻灯片母版”按钮，进入“幻灯片母版”编辑状态，然后分别设置母版中的占位符中的标题和正文字体。

2.6 WPS Office 高级应用与设计选择题（6）

2.6.1 WPS Office 高级应用与设计选择题

1. 下列关于 WPS 云办公服务说法错误的是（　　）。

   A. 可以实现文档的安全管理

   B. 可以让电子文档实现同步更新，但必须是同一个终端

   C. 可以实现多人实时在线协作编辑

   D. 可以打破终端、时间、地理和文档处理环节的限制

2. 在 WPS 中，PDF 文件不支持的保护形式是（　　）。

   A. 文档打开密码　　　　B. 文档保存密码

C．文档编辑密码　　　　　　　　　　D．电子证书签名

3．小王需要在 WPS 文字中将应用了“标题 1”样式的所有段落格式调整为“段前、段后各 12 磅，单倍行距”，最优的操作方法是（　　）。

A．修改“标题 1”样式，将其段落格式设置为“段前、段后各 12 磅，单倍行距”

B．将每个段落逐一设置为“段前、段后各 12 磅，单倍行距”

C．将其中一个段落设置为“段前、段后各 12 磅，单倍行距”，然后利用格式刷功能将格式复制到其他段落

D．利用查找替换功能，将“样式：标题 1”替换为“行距：单倍行距，段落间距段前：12 磅，段后：12 磅”

4．以下不属于 WPS 文字视图的是（　　）。

A．放映视图　　　　　　　　　　B．Web 版式视图

C．阅读版式视图　　　　　　　　D．大纲视图

5．张编辑休假前正在审阅一部 WPS 文字书稿，他希望回来上班时能够快速找到上次编辑的位置，在 WPS 文字中最优的操作方法是（　　）。

A．记住当前页码，下次打开书稿时，通过“查找”功能定位页码

B．在当前位置插入一个书签，通过“查找”功能定位书签

C．记住一个关键词，下次打开书稿时，通过“查找”功能找到该关键词

D．下次打开书稿时，直接通过滚动条找到该位置

6．赵老师在 WPS 表格中为 400 位学生每人制作了一个成绩条，每个成绩条之间有一个空行分隔。他希望同时选中所有成绩条及分隔空行，最快捷的操作方法是（　　）。

A．单击成绩条区域的第一个单元格，然后按 <Ctrl+Shift+End> 组合键

B．直接在成绩条区域中拖动鼠标进行选择

C．单击成绩条区域的某一个单元格，然后按 <Ctrl+A> 组合键两次

D．单击成绩条区域的第一个单元格，按下 <Shift> 键不放再单击该区域的最后一个单元格

7．小韩在 WPS 表格中制作了一份通讯录，并为工作表数据区域设置了合适的边框和底纹，她希望工作表中默认的灰色网格线不再显示，最快捷的操作方法是（　　）。

A．在“页面设置”对话框中设置不显示网格线

B．在后台视图的高级选项下，设置工作表网格线为白色

C．在后台视图的高级选项下，设置工作表不显示网格线

D．在“页面布局”选项卡上的“工作表选项”组中设置不显示网格线

8．某公司需要统计各类商品的全年销量冠军。在 WPS 表格中，最优的操作方法是（　　）。

A．通过设置条件格式，分别标出每类商品的销量冠军

B．通过自动筛选功能，分别找出每类商品的销量冠军，并用特殊的颜色标记

C．分别对每类商品的销量进行排序，将销量冠军用特殊的颜色标记

D．在销量表中直接找到每类商品的销量冠军，并用特殊的颜色标记

9. 李老师在用 PowerPoint 制作课件，她希望将学校的徽标图片放在除标题页之外的所有幻灯片右下角，并为其指定一个动画效果。最优的操作方法是（　　）。

A. 分别在每一张幻灯片上插入徽标图片，并分别设置动画

B. 在幻灯片母版中插入徽标图片，并为其设置动画

C. 先在一张幻灯片上插入徽标图片，并设置动画，然后将该徽标图片复制到其他幻灯片上

D. 先制作一张幻灯片并插入徽标图片，为其设置动画，然后多次复制该张幻灯片

10. 小明利用 PowerPoint 制作一份考试培训的演示文稿，他希望在每张幻灯片中添加包含“样例”文字的水印效果，最优的操作方法是（　　）。

A. 通过“插入”选项卡上的“插入水印”功能输入文字并设定版式

B. 将“样例”二字制作成图片，再将该图片作为背景插入并应用到全部幻灯片中

C. 在一张幻灯片中插入包含“样例”二字的文本框，然后复制到其他幻灯片

D. 在幻灯片母版中插入包含“样例”二字的文本框，并调整其格式及排列方式

2.6.2 WPS Office 高级应用与设计选择题答案和解析

1. **【答案】** B

【解析】WPS 云能够帮助用户将一个本来在计算机上的文件夹同步到 WPS 云空间上，同步后，只要登录相应的 WPS 账号，即可以从手机或其他计算机设备查看并更新到办公计算机中的文件夹里面存储的全部内容，所以选择 B。

2. **【答案】** B

【解析】PDF 文件具有标准的加密规范，支持设置打开密码和文档操作权限密码（编辑密码）；电子证书签名是利用密码技术对电子文档以电子形式进行签名，由公信的机构颁发的电子证书签名，其具备与手写签名或者盖章同等的法律效力。WPS PDF 中对 PDF 文件的电子证书签名具有校验的能力，可校验电子证书签名本身的有效性，所以选择 B。

3. **【答案】** A

【解析】样式是指一组已经命名的字符和段落格式。它规定了文档中标题、正文以及要点等各个文本元素的格式。用户可以将一种样式应用于某个选定的段落或字符，以使所选定的段落或字符具有这种样式所定义的格式。通过修改“标题 1”样式，将其段落格式设置为“段前、段后各 12 磅，单倍行距”，可将所有应用了“标题 1”样式的所有段落格式调整为“段前、段后各 12 磅，单倍行距”。

4. **【答案】** A

【解析】本题的考查点是 WPS 文字视图。WPS 文字视图包括：页面视图、阅读版式视图、Web 版式视图、大纲视图和草稿。

5. **【答案】** B

【解析】在 WPS 文字中书签的作用是用于定位的。在文档中，想在某一处或几处留下标记，以便以后查找、修改，便可以该处插入一书签（书签仅会显示在屏幕上，但不会打印出来）。

6. **【答案】** A

【解析】单击成绩条区域的第一个单元格，然后按 <Ctrl+Shift+End> 组合键，即可选中

该成绩条区域的所有成绩条及分隔空行。本题答案为 A。

7. 【答案】 D

【解析】在工作表中为工作表数据区域设置了合适的边框以及底纹后，如希望工作表中默认的灰色网格线不再显示，可以在“页面布局”选项卡上“工作表选项”选项组，取消勾选网格线下的“查看”复选框即可，如图 2-1 所示。

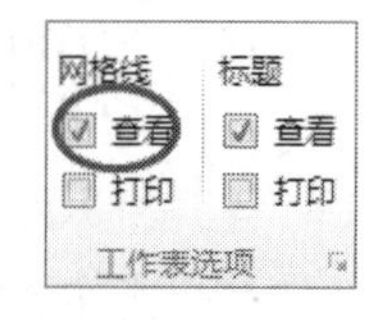

图 2-1 “查看”复选框

8. 【答案】 A

【解析】条件格式会基于设定的条件来自动更改单元格区域的外观，可以突出显示所关注的单元格或单元格区域、强调异常值、使用数据条、颜色刻度和图标集来直观地显示数据。

9. 【答案】 B

【解析】在幻灯片母版的除标题幻灯片版式的其他版式中，插入徽标图片，并为其设置动画，则所有应用该母版的幻灯片都自动添加了图片。

10. 【答案】 D

【解析】幻灯片中没有水印添加，所以选项 A 是不成立的；如果要为 PPT 中的所有幻灯片添加水印，可在“幻灯片母版”视图中添加。如果以文本作为水印，可在“插入”选项卡上的“文本”组中，单击“文本框”按钮，在幻灯片中绘制文本框并输入文字，然后将文本框的排列方式设置为“置于底层”，以免遮挡正常幻灯片内容。本题答案为 D。

2.7 WPS Office 高级应用与设计选择题（7）

2.7.1 WPS Office 高级应用与设计选择题

1. WPS 不支持的操作是（　　）。

A. 屏幕录制　　B. 图片转文字　　C. PDF 转视频　　D. PDF 转图片

2. WPS 中，将 PDF 文件转为文档格式时，不支持的格式为（　　）。

A. dotx　　B. doc　　C. RTF　　D. docx

3. 在 WPS 文字中，邮件合并功能支持的数据源不包括（　　）。

A. HTML 文件　　B. WPS 表格工作表

C. PowerPoint 演示文稿　　D. WPS 文字数据源

4. 王老师在 WPS 文字中修改一篇长文档时不慎将光标移动了位置，若希望返回最近编辑过的位置，最快捷的操作方法是（　　）。

A. 按 <Ctrl+F5> 组合键

B. 按 <Shift+F5> 组合键

C. 按 <Alt+F5> 组合键

D. 操作滚动条找到最近编辑过的位置并单击

5. 在 WPS 文字中，不能作为文本转换为表格的分隔符是（　　）。

A. @　　B. 段落标记　　C. 制表符　　D. ##

6. 以下错误的 WPS 表格公式形式是（　　）。

A. =SUM(B3:E3)*$F$3　　B. =SUM(B3:3E)*F3

C. =SUM(B3:$E3)*F3　　D. =SUM(B3:E3)*F$3

7. 不可以在 WPS 表格工作表中插入的迷你图类型是（　　）。

A. 迷你柱形图　　B. 迷你散点图

C. 迷你盈亏图　　D. 迷你折线图

8. 在 WPS 表格某列单元格中，快速填充 2011 年 ~ 2013 年每月最后一天日期的最优操作方法是（　　）。

A. 在第一个单元格中输入“2011-1-31”，然后使用 MONTH 函数填充其余 35 个单元格

B. 在第一个单元格中输入“2011-1-31”，然后执行“开始”选项卡中的“填充”命令

C. 在第一个单元格中输入“2011-1-31”，拖动填充柄，然后使用智能标记自动填充其余 35 个单元格

D. 在第一个单元格中输入“2011-1-31”，然后使用格式刷直接填充其余 35 个单元格

9. 小刘正在整理公司各产品线介绍的 PowerPoint 演示文稿，因幻灯片内容较多，不便于对各产品线演示内容进行管理。快速分类和管理幻灯片的最优操作方法是（　　）。

A. 利用自定义幻灯片放映功能，将每个产品线定义为独立的放映单元

B. 将演示文稿拆分成多个文档，按每个产品线生成一份独立的演示文稿

C. 利用节功能，将不同的产品线幻灯片分别定义为独立节

D. 为不同的产品线幻灯片分别指定不同的设计主题，以便浏览

10. 如需在 PowerPoint 演示文档的一张幻灯片后增加一张新幻灯片，最优的操作方法是（　　）。

A. 执行“文件”后台视图的“新建”命令

B. 在普通视图左侧的幻灯片缩略图中按 <Enter> 键

C. 执行“插入”选项卡中的“插入幻灯片”命令

D. 执行“视图”选项卡中的“新建窗口”命令

2.7.2 WPS Office 高级应用与设计选择题答案和解析

1. **【答案】** C

【解析】 WPS 可以进行屏幕录制、将图片转文字、将 PDF 转换为图片等功能，但是不能将 PDF 转换为视频，所以选择 C。

2. **【答案】** A

【解析】 dotx 是文字文档模板文件的扩展名，是模板文件，不能将 PDF 转换为 .dotx 格式，本题答案为 A。

3. **【答案】** C

【解析】 邮件合并功能支持很多类型的数据源，主要包括：Office 地址列表、WPS 文字数据源、WPS 表格、Microsoft Outlook 联系人列表、Access 数据库、HTML 文件。

4. **【答案】** B

【解析】 在 WPS 文字中，按下 <Shift+F5> 组合键可以将插入点返回到上次编辑的位置，

它使光标在最后编辑过的三个位置间循环，第四次按 <Shift+F5> 组合键时，插入点就会回到当前的编辑位置。

5. 【答案】 D

【解析】文本转换为表格的分隔符包括：段落标记、逗号、空格、制作符以及其他字符，其余字符包括 #，但不包括 ##。

6. 【答案】 B

【解析】B 选项中单元格名称错误，应改为 E3。

7. 【答案】 B

【解析】插入的迷你图类型包括：折线图、柱形图、盈亏，如图 2-2 所示。

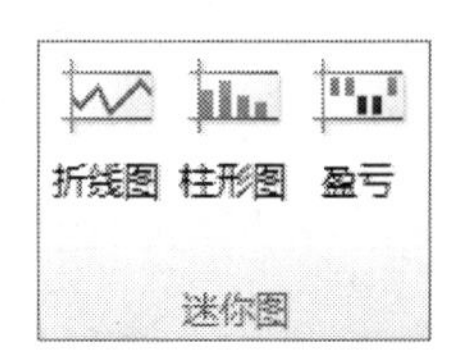

图 2-2 迷你图类型

8. 【答案】 C

【解析】A 选项中 MONTH( ) 函数返回的是月份值，所以 A 选项错误。D 选项中格式刷用于设置格式，不能用于填充数据。B 选项中，按照该方法填充后，所有单元格的数据都为 2011–1–31。故本题答案为 C。

9. 【答案】 C

【解析】通过利用节功能，将不同的产品线幻灯片分别定义为独立节，可以快速分类和管理幻灯片。

10. 【答案】 B

【解析】A 选项和 D 选项执行后，会新建一个演示文稿，不会增加新幻灯片；

C 选项“插入”选项卡下没有“插入幻灯片”命令（新建幻灯片命令在“开始”选项卡中）。在普通视图左侧的幻灯片缩略图中按 <Enter> 键，可在该幻灯片后增加一张新幻灯片。故答案为 B 选项。

2.8 WPS Office 高级应用与设计选择题（8）

2.8.1 WPS Office 高级应用与设计选择题

1. 下列关于 WPS“协同编辑”的叙述中，错误的是（　　）。

   A. 多人可以同时编辑同一文档

   B. 只有“协同编辑”发起人可以查看当前文档的在线协作人员

   C. 参与人可以随时收到更新的消息通知

   D. 参与人可以随时查看文档的协作记录

2. 下列关于在 WPS 中管理 PDF 页面的描述，错误的是（　　）。

   A. 支持合并或拆分页面　　B. 尚不支持裁剪或分割页面

   C. 支持提取或插入页面　　D. 支持替换或删除页面

3. 在 WPS 文字的功能区中，不包含的选项卡是（　　）。

   A. 审阅　　B. 邮件　　C. 章节　　D. 引用

4. 张经理在对 WPS 文字文档格式的工作报告修改过程中，希望在原始文档显示其修改的内容和状态，最优的操作方法是（　　）。

A. 利用“审阅”选项卡的修订功能，选择带“显示标记”的文档修订查看方式后单击“修订”按钮，然后在文档中直接修改内容

B. 利用“插入”选项卡的修订标记功能，为文档中每一处需要修改的地方插入修订符号，然后在文档中直接修改内容

C. 利用“插入”选项卡的文本功能，为文档中的每一处需要修改的地方添加文档部件，将自己的意见写到文档部件中

D. 利用“审阅”选项卡的批注功能，为文档中每一处需要修改的地方添加批注，将自己的意见写到批注框里

5. 某 WPS 文字文档中有一个 5 行 × 4 列的表格，如果要将另外一个文本文件中的 5 行文字复制到该表格中，并且使其正好成为该表格一列的内容，最优的操作方法是（　　）。

A. 在文本文件中选中这 5 行文字，复制到剪贴板，然后回到 WPS 文字文档中，选中对应列的 5 个单元格，将剪贴板内容粘贴过来

B. 在文本文件中选中这 5 行文字，复制到剪贴板；然后回到 WPS 文字文档中，将光标置于指定列的第一个单元格，将剪贴板内容粘贴过来

C. 将文本文件中的 5 行文字，一行一行地复制、粘贴到 WPS 文字文档表格对应列的 5 个单元格中

D. 在文本文件中选中这 5 行文字，复制到剪贴板，然后回到 WPS 文字文档中，选中该表格，将剪贴板内容粘贴过来

6. 在 WPS 表格工作表 A1 单元格里存放了 18 位二代身份证号码，在 A2 单元格中利用公式计算该人的年龄，最优的操作方法是（　　）。

A. =YEAR(TODAY( ))−MID(A1,6,8)　　B. =YEAR(TODAY( ))−MID(A1,6,4)

C. =YEAR(TODAY( ))−MID(A1,7,8)　　D. =YEAR(TODAY( ))−MID(A1,7,4)

7. 在 WPS 表格工作表中输入了大量数据后，若要在该工作表中选择一个连续且较大范围的特定数据区域，最快捷的方法是（　　）。

A. 用鼠标直接在数据区域中拖动完成选择

B. 单击该数据区域的第一个单元格，按 <Ctrl+Shift+End> 组合键

C. 单击该数据区域的第一个单元格，按下 <Shift> 键不放再单击该区域的最后一个单元格

D. 选中该数据区域的某一个单元格，然后按 <Ctrl+A> 组合键

8. 将 WPS 表格工作表 A1 单元格中的公式 SUM(B$2:C$4) 复制到 B18 单元格后，原公式将变为（　　）。

A. SUM(C$2:D$4)　　B. SUM(B$19:C$19)

C. SUM(C$19:D$19)　　D. SUM(B$2:C$4)

9. 在 PowerPoint 中，旋转图片的最快捷方法是（　　）。

A. 设置图片格式　　B. 设置图片效果

C. 拖动图片上方绿色控制点　　D. 拖动图片四个角的任一控制点

10. 在 PowerPoint 演示文稿中通过分节组织幻灯片，如果要选中某一节内的所有幻灯片，最优的操作方法是（ ）。

A. 选中该节的一张幻灯片，然后按住 <Ctrl> 键，逐个选中该节的其他幻灯片

B. 按 <Ctrl+A> 组合键

C. 单击节标题

D. 选中该节的第一张幻灯片，然后按住 <Shift> 键，单击该节的最后一张幻灯片

2.8.2 WPS Office 高级应用与设计选择题答案和解析

1. 【答案】 B

【解析】进入协同编辑模式，即可在文档的右上角可查看当前文档的在线协作人员，鼠标移动到头像上方显示协同人员姓名，可随时关注文档的协作状态，不仅仅是只有发起人可以，所以选择 B。

2. 【答案】 B

【解析】WPS 中管理 PDF 可以增删替换、提取插入和裁剪分割页面，所以本题选择 B。

3. 【答案】 B

【解析】在 WPS 文字的功能区中，不包含的选项卡是邮件。

4. 【答案】 A

【解析】根据题目要求需要显示修改的内容和状态，利用“审阅”选项卡的“修订”功能可以实现。当用户在修订状态下修改文档时，WPS 文字应用程序将跟踪文档中所有内容的变化状况，同时会把用户在当前文档中修改、删除、插入的每一项内容标记下来。

5. 【答案】 A

【解析】本题的考查点是 WPS 文字复制粘贴操作。

B 选项中会将 5 行文字复制到一个单元格内，所以 B 选项错误。

D 选项中选中表格，将内容粘贴后，表格中的四列内容相同，每一列的 5 行对应复制的 5 行文字，不符合题中“成为该表格一列的内容”的要求。所以 D 选项错误。

A、B 选项可以得到正确的结果，但是 A 选项明显比 B 选项简单。

6. 【答案】 D

【解析】本题的考查点是 WPS 表格公式。

MID( ) 函数：返回文本字符串中从指定位置开始的特定数目的字符。

TODAY( ) 函数：返回当前日期的序列号。

YEAR( ) 函数：返回某日期对应的年份。

身份证中表示出生日期年份的是从第 7 位开始的 4 位数字，D 选项中，MID(A1,7,4) 表示身份证上出生年份的 4 位数，TODAY( ) 表示当前日期，YEAR(TODAY( )) 表示当前年份，用当前年份减去出生年份。

故本题答案为 D。

7. 【答案】 C

【解析】要在工作表中，选择一个连续、且较大范围的特定数据区域，最快捷的方法是：单击该数据区域的第一个单元格，按下 <Shift> 键不放，再单击该区域的最后一个单元格。

8. 【答案】 A

【解析】本题的考查点是 WPS 表格对单元格的绝对引用和相对引用的区别。

相对引用：与包含公式的单元格位置相关，引用的单元格地址不是固定地址，而是相对于公式所在单元格的相对位置。

绝对引用：与包含公式的单元格位置无关。

SUM(B$2:C$4) 中，B$2、C$4 对列相对引用，对行绝对引用，所以复制到 B18 单元格后，列数改变，行数不变。公式变为 SUM(C$2:D$4)。

故本题答案为 A。

9. 【答案】 C

【解析】旋转图片最快捷方式是拖动图片上方绿色控制点。

10. 【答案】 C

【解析】本题的考查点是 PowerPoint 的分节。可以通过选中节标题选中某一节内所有的幻灯片，最为方便快捷。

2.9 WPS Office 高级应用与设计选择题（9）

2.9.1 WPS Office 高级应用与设计选择题

1. WPS 新建界面中提供了多种办公组件或应用，下列无须联网即可本地使用的是（　　）。

A. 文字 / 演示 / 表格 /PDF　　B. 流程图 / 脑图

C. 图片设计　　D. 表单

2. 下列关于在 WPS 中新建 PDF 文件的描述，错误的是（　　）。

A. 支持从文件新建 PDF　　B. 支持从扫描仪新建 PDF

C. 支持从视频新建 PDF　　D. 支持新建空白页

3. 小王在 WPS 文字中编辑一篇摘自互联网的文章，他需要将文档每行后面的手动换行符全部删除，最优的操作方法是（　　）。

A. 在每行的结尾处，逐个手动删除

B. 长按 <Ctrl> 键依次选中所有手动换行符后，再按 <Delete> 键删除

C. 通过查找和替换功能删除

D. 通过文字工具删除换行符

4. 小江需要在 WPS 文字中插入一个利用 WPS 表格制作好的表格，并希望 WPS 文字中的表格内容随 WPS 表格源文件的数据变化而自动变化，最快捷的操作方法是（　　）。

A. 在 WPS 文字中通过"插入"→"表格"→"WPS 表格电子表格"命令链接 WPS 表格

B. 复制 WPS 表格数据源，然后在 WPS 文字右键快捷菜单上选择带有链接功能的粘贴选项

C. 在 WPS 文字中通过"插入"→"对象"功能插入一个可以链接到原文件的 WPS 表格

D．复制 WPS 表格数据源，然后在 WPS 文字中通过“开始”→“粘贴”→“选择性粘贴”命令进行粘贴链接

5．小李正在 WPS 文字中编辑一篇包含 12 个章节的书稿，他希望每一章都能自动从新的一页开始，最优的操作方法是（　　）。

A．在每一章最后插入分页符

B．将每一章标题指定为标题样式，并将样式的段落格式修改为“段前分页”

C．在每一章最后连续按 <Enter> 键，直到下一页面开始处

D．将每一章标题的段落格式设为“段前分页”

6．老王正在 WPS 表格中计算员工本年度的年终奖金，他希望与存放在不同工作簿中的前三年奖金发放情况进行比较，最优的操作方法是（　　）。

A．通过全部重排功能，将四个工作簿平铺在屏幕上进行比较

B．打开前三年的奖金工作簿，需要比较时在每个工作簿窗口之间进行切换查看

C．分别打开前三年的奖金工作簿，将他们复制到同一个工作表中进行比较

D．通过并排查看功能，分别将今年与前三年的数据两两进行比较

7．小陈在 WPS 表格中对产品销售情况进行分析，他需要选择不连续的数据区域作为创建分析图表的数据源，最优的操作方法是（　　）。

A．在名称框中分别输入单元格区域地址，中间用西文半角逗号分隔

B．按下 <Shift> 键不放，拖动鼠标依次选择相关的数据区域

C．直接拖动鼠标选择相关的数据区域

D．按下 <Ctrl> 键不放，拖动鼠标依次选择相关的数据区域

8．小李在 WPS 表格中整理职工档案，希望“性别”一列只能从“男”“女”两个值中进行选择，否则系统提示错误信息，最优的操作方法是（　　）。

A．设置条件格式，标记不符合要求的数据

B．通过 If 函数进行判断，控制“性别”列的输入内容

C．设置数据有效性，控制“性别”列的输入内容

D．请同事帮忙进行检查，错误内容用红色标记

9．在 PowerPoint 普通视图中编辑幻灯片时，需将文本框中的文本级别由第二级调整为第三级，最优的操作方法是（　　）。

A．在文本最右边添加空格形成缩进效果

B．当光标位于文本中时，单击“开始”选项卡上的“提高列表级别”按钮

C．在段落格式中设置文本之前缩进距离

D．当光标位于文本最右边时按 Tab 键

10．在 PowerPoint 演示文稿中利用“大纲”窗格组织、排列幻灯片中的文字时，输入幻灯片标题后进入下一级文本输入状态的最快捷方法是（　　）。

A．按 <Shift+Enter> 组合键

B．按 <Enter> 键后，从右键快捷菜单中选择“降级”命令

C．按 <Enter> 键后，再按 <Tab> 键

D．按 <Ctrl+Enter> 组合键

2.9.2 WPS Office 高级应用与设计选择题答案和解析

1. 【答案】 A

【解析】本地可使用的是文字 / 演示 / 表格 /PDF，流程图 / 脑图、图片设计和表单需要联网使用，所以本题答案为 A。

2. 【答案】 C

【解析】WPS 提供四种方式创建 PDF 文件，分别为新建空白页文件、从扫描仪新建、从 Office 格式新建 PDF 文件、从图片新建 PDF 文件，但是不支持视频创建，所以本题答案为 C。

3. 【答案】 D

【解析】通过查找和替换功能和通过文字工具都能批量删除换行符，最优的方法是通过文字工具来删除。

4. 【答案】 B

【解析】B、C、D 三项均可实现 WPS 文字中的表格内容随 WPS 表格源文件的数据变化而变化。但 C 项只能在 WPS 文字文件关闭后再次打开时实现数据的更新，不能实现自动变化。B、D 两项均可以实现自动变化，但相对于 D 项，B 项操作更为快捷。故答案为 B。

5. 【答案】 B

【解析】将每一章标题指定为标题样式，并将样式的段落格式修改为“段前分页”。

6. 【答案】 A

【解析】要想同时查看所有打开的窗口，可在“视图”选项卡的“窗口”选项组中，单击“全部重排”按钮，在弹出的对话框中选择一种排列方式，即可将所有打开的工作簿排列在一个窗口上进行比较。D 选项中“并排查看”功能每次只能比较两个工作窗口中的内容。故答案为 A。

7. 【答案】 D

【解析】在 WPS 表格中，选择不连续的数据区域最优的方法是，先选择一个区域，然后按住 <Ctrl> 键选择其他不相邻区域。

8. 【答案】 C

【解析】在 WPS 表格中为了在输入数据时避免出现过多错误，可以通过在单元格中设置数据有效性来进行相关的控制，从而保证数据输入的准确性。

9. 【答案】 B

【解析】最优的操作方法：在 PPT 普通视图中编辑幻灯片时，当光标位于文本中时，单击“开始”选项卡上“段落”组中的“提高列表级别”按钮，可将文本级别降一级。

10. 【答案】 D

【解析】最快捷方法：在“大纲”缩览窗口内选中一张需要编辑的幻灯片图标，可直接输入幻灯片标题，此时，若按 <Ctrl+Enter> 组合键，可进入下一级文本输入状态；若按 <Enter> 键可插入一张新幻灯片。故本题答案为 D。

2.10 WPS Office 高级应用与设计选择题（10）

2.10.1 WPS Office 高级应用与设计选择题

1. 若要编辑 WPS 云文档中的文件，下列说法错误的是（ ）。

A. 云文档无须下载到本地即可直接调用 WPS 客户端进行编辑

B. 云文档必须下载到本地之后才能调用 WPS 客户端进行编辑

C. 云文档无须依赖本地 WPS 客户端亦可网页端编辑

D. 云文档可以在网页中进行多人实时在线协作编辑

2. WPS 中提供了多种 PDF 页面管理功能，下列描述错误的是（ ）。

A. 支持提取部分页面生成一个新的 PDF 文件

B. 支持将其他 PDF 文件中的页面插入到本文件中

C. 支持使用其他 PDF 文件中的页面替换本文件中的页面

D. 支持统一旋转整个文档，无法旋转单个页面

3. 学生小钟正在 WPS 文字中编排自己的毕业论文，他希望将所有应用了“标题 3”样式的段落修改为 1.25 倍行距、段前间距 12 磅，最优的操作方法是（ ）。

A. 修改其中一个段落的行距和间距，然后通过格式刷复制到其他段落

B. 逐个修改每个段落的行距和间距

C. 直接修改“标题 3”样式的行距和间距

D. 选中所有“标题 3”段落，然后统一修改其行距和间距

4. 在 WPS 文字文档中，选择从某一段落开始位置到文档末尾的全部内容，最优的操作方法是（ ）。

A. 将指针移动到该段落的开始位置，按 <Ctrl+A> 组合键

B. 将指针移动到该段落的开始位置，按 <Alt+Ctrl+Shift+PageDown> 组合键

C. 将指针移动到该段落的开始位置，按住 <Shift> 键，单击文档的结束位置

D. 将指针移动到该段落的开始位置，按 <Ctrl+Shift+End> 组合键

5. 小张的毕业论文设置为两栏页面布局，现需在分栏之上插入一横跨两栏内容的论文标题，最优的操作方法是（ ）。

A. 在两栏内容之前空出几行，打印出来后手动写上标题

B. 在两栏内容之上插入一个文本框，输入标题，并设置文本框的环绕方式

C. 在两栏内容之上插入一个分节符，然后设置论文标题位置

D. 在两栏内容之上插入一个艺术字标题

6. 在 WPS 表格工作表单元格中输入公式时，F$2 的单元格引用方式称为（ ）。

A. 相对地址引用　　B. 混合地址引用

C. 交叉地址引用　　D. 绝对地址引用

7. 钱经理正在审阅借助 WPS 表格统计的产品销售情况，他希望能够同时查看这个千行千列的超大工作表的不同部分，最优的操作方法（ ）。

A. 将该工作簿另存几个副本，然后打开并重排这几个工作簿以分别查看不同的部分

B．在工作表合适的位置拆分窗口，然后分别查看不同的部分

C．在工作表中新建几个窗口，重排窗口后在每个窗口中查看不同的部分

D．在工作表合适的位置冻结拆分窗格，然后分别查看不同的部分

8．在 WPS 表格中，设定与使用“主题”的功能是指（ ）。

A．一段标题文字　　B．一组格式集合

C．一个表格　　D．标题

9．李老师制作完成了一个带有动画效果的 PowerPoint 教案，她希望在课堂上可以按照自己讲课的节奏自动播放，最优的操作方法是（ ）。

A．将 PowerPoint 教案另存为视频文件

B．为每张幻灯片设置特定的切换持续时间，并将演示文稿设置为自动播放

C．在练习过程中，利用 " 排练计时 " 功能记录适合的幻灯片切换时间，然后播放即可

D．根据讲课节奏，设置幻灯片中每一个对象的动画时间，以及每张幻灯片的自动换片时间

10．小李利用 PowerPoint 制作一份学校简介的演示文稿，他希望将学校外景图片铺满每张幻灯片，最优的操作方法是（ ）。

A．在一张幻灯片中插入该图片，调整大小及排列方式，然后复制到其他幻灯片

B．将该图片文件作为对象插入全部幻灯片中

C．在幻灯片母版中插入该图片，并调整大小及排列方式

D．将该图片作为背景插入并应用到全部幻灯片中

2.10.2 WPS Office 高级应用与设计选择题答案和解析

1．【答案】 B

【解析】使用其他计算机或者手机，登录同一账号后，便能立即查看在其他设备上使用的文档，继续完成对该文件的编辑，不必下载到本地，所以选择 B。

2．【答案】 D

【解析】旋转页面是指旋转指定的 PDF 页面，页面方向一共有四个方向：0° 、90° 、180° 、270° 。WPS PDF 中用顺时针 90° 和逆时针 90° 来设置页面的不同方向，WPS 中文档和单个页面都可以旋转，所以本题选择 D。

3．【答案】 C

【解析】直接修改“标题 3”样式的行距和间距即可实现要求。具体操作方法是：在“开始”选项卡中找到“标题 3”样式并右击，在弹出的快捷菜单中选择“修改”命令，在弹出的“修改样式”对话框中单击“格式”按钮，选择列表中的“段落”，在打开的“段落”对话框的“缩进和间距”选项卡中将行距设置为“多倍行距”“1.25”，“段前”间距设置为“12 磅”。

4．【答案】 D

【解析】A 选项中按 <Ctrl+A> 组合键选中的是全部内容。B、C、D 选项都可以选择从某一段落开始位置到文档末尾的全部内容，很明显 D 选项要比 B、C 选项简单。故本题答案为 D。

5. 【答案】 C

【解析】光标定位在内容开始处，单击“页面布局”选项卡中“分隔符”下拉按钮，单击“连续分节符”，此时内容上方多出一行，输入标题后可将标题与内容设置为不同格式，将标题设置为 1 栏，可以横跨两栏内容。

6. 【答案】 B

【解析】单元格引用方式分为三类：

相对地址引用：如 A1、B3 等，此时公式复制到另一个位置时行和列都要变。

绝对地址引用：如 $A$1、$B$3 等，此时公式复制到另一个位置时行和列都不变。

混合地址引用：如 $A1、B$3 等，$A1 表示公式复制到另一个位置时行要变、列不变；B$3 表示公式复制到另一个位置时行不变、列要变。

7. 【答案】 B

【解析】最优的操作方法：在工作表的某个单元格中单击，找到“视图”选项卡的“窗口”组中，单击“拆分”按钮；将以单元格为坐标，将窗口拆分为四个，在每个窗口中均可进行编辑查看。

8. 【答案】 B

【解析】主题是一组格式集合，其中包括主题颜色、主题字体（包括标题字体和正文字体）和主题效果（包括线条和填充效果）等。

9. 【答案】 C

【解析】在放映每张幻灯片时，必须要有适当的时间供演示者充分表达自己的思想，以供观众领会该幻灯片所要表达的内容。利用 PowerPoint 的排练计时功能，演示者可在准备演示文稿的同时，通过排练为每张幻灯片确定适当的放映时间，这也是自动放映幻灯片的要求。

10. 【答案】 D

【解析】单击“设计”选项卡→“背景”选项组→“背景样式”按钮，从下拉列表中选择“设置背景格式”命令。在弹出的对话框中，选择“填充”项，再选择“图片或纹理填充”，单击“文件”，选择所需图片，单击“全部应用”按钮即可。

第 3 章　WPS Office 高级应用与设计上机操作题

（共 30 道操作题）

3.1　WPS Office 高级应用与设计上机操作题（1）

3.1.1　WPS Office 高级应用与设计上机操作题

一、字处理题

某高校为了使学生更好地进行职场定位和职业准备，提高就业能力，该校学工处将于2013 年 4 月 29 日（星期五）19:30–21:30 在校国际会议中心举办题为“领慧讲堂 — 大学生人生规划”就业讲座，特别邀请资深媒体人、著名艺术评论家赵蕈先生担任演讲嘉宾。

请根据上述活动的描述，利用 WPS Office 制作一份宣传海报（宣传海报的参考样式请参考“海报参考样式 .docx”文件），要求如下：

（1）调整文档版面，要求页面高度为 35 厘米，页面宽度为 27 厘米，页边距（上、下）为 5 厘米，页边距（左、右）为 3 厘米，并将素材文件夹下的图片“WPS 文字 – 海报背景图片 .jpg”设置为海报背景。

（2）根据“海报参考样式 .docx”文件，调整海报内容文字的字号、字体和颜色。

（3）根据页面布局需要，调整海报内容中“报告题目”“报告人”“报告日期”“报告时间”“报告地点”信息的段落间距。

（4）在“报告人：”位置后面输入报告人姓名（赵蕈）。

（5）在“主办：校学工处”位置后另起一页，并设置第 2 页的页面纸张大小为 A4 篇幅，纸张方向设置为“横向”，页边距为“普通”页边距定义。

（6）在新页面的“日程安排”段落下面，复制本次活动的日程安排表（请参考“活动日程安排 .xlsx”文件），要求表格内容引用 WPS 表格文件中的内容，如若 WPS 表格文件中的内容发生变化，WPS 文字文档中的日程安排信息随之发生变化。

（7）在新页面的“报名流程”段落下面，利用智能图形，制作本次活动的报名流程（学工处报名、确认座席、领取资料、领取门票）。

（8）设置“报告人介绍”段落下面的文字排版布局为参考示例文件中所示的样式。

（9）更换报告人照片为素材文件夹下的 Pic2.jpg 照片，将该照片调整到适当位置，并不要遮挡文档中的文字内容。

（10）保存本次活动的宣传海报设计为“WPS 文字 .docx”。

二、电子表格题

小李今年毕业后，在一家计算机图书销售公司担任市场部助理，主要的工作职责是为部门经理提供销售信息的分析和汇总。

请你根据销售数据报表（“WPS 表格 .xlsx”文件），按照如下要求完成统计和分析工作：

（1）请对“订单明细表”工作表进行格式调整，通过套用表格格式方法将所有的销售记录调整为一致的外观格式，并将“单价”列和“小计”列所包含的单元格调整为“会计专用”（人民币）数字格式。

（2）根据图书编号，请在“订单明细表”工作表的“图书名称”列中，使用 VLOOKUP( ) 函数完成图书名称的自动填充。“图书名称”和“图书编号”的对应关系在“编号对照”工作表中。

（3）根据图书编号，请在“订单明细表”工作表的“单价”列中，使用 VLOOKUP( ) 函数完成图书单价的自动填充。“单价”和“图书编号”的对应关系在“编号对照”工作表中。

（4）在“订单明细表”工作表的“小计”列中，计算每笔订单的销售额。

（5）根据“订单明细表”工作表中的销售数据，统计所有订单的总销售金额，并将其填写在“统计报告”工作表的 B3 单元格中。

（6）根据“订单明细表”工作表中的销售数据，统计《WPS Office 高级应用与设计》图书在 2012 年的总销售额，并将其填写在“统计报告”工作表的 B4 单元格中。

（7）根据“订单明细表”工作表中的销售数据，统计隆华书店在 2011 年第三季度的总销售额，并将其填写在“统计报告”工作表的 B5 单元格中。

（8）根据“订单明细表”工作表中的销售数据，统计隆华书店在 2011 年的每月平均销售额（保留两位小数），并将其填写在“统计报告”工作表的 B6 单元格中。

（9）保存“WPS 表格 .xlsx”文件。

三、演示文稿题

为了更好地控制教材编写的内容、质量和流程，小李负责起草了图书策划方案（请参考“图书策划方案 .docx”文件）。他需要将图书策划方案 WPS 文字文档中的内容制作为可以向教材编委会进行展示的演示文稿（命名为“WPS 演示 .pptx”）。

现在，请你根据图书策划方案（请参考“图书策划方案 .docx”文件）中的内容，按照如下要求完成演示文稿的制作：

（1）创建一个新演示文稿，内容需要包含“图书策划方案 .docx”文件中所有讲解的要点，包括：

① 演示文稿中的内容编排，需要严格遵循 WPS 文字文档中的内容顺序，并仅需要包含 WPS 文字文档中应用了“标题 1”“标题 2”“标题 3”样式的文字内容。

② WPS 文字文档中应用了“标题 1”样式的文字，需要成为演示文稿中每页幻灯片的标题文字。

③ WPS 文字文档中应用了“标题 2”样式的文字，需要成为演示文稿中每页幻灯片的第一级文本内容。

④ WPS 文字文档中应用了“标题 3”样式的文字，需要成为演示文稿中每页幻灯片的

第二级文本内容。

（2）将演示文稿中的第一张幻灯片，调整为“标题幻灯片”版式。

（3）为演示文稿应用一个美观的主题样式。

（4）在标题为“2020 年同类图书销量统计”的幻灯片页中，插入一个 6 行 5 列的表格，列标题分别为“图书名称”“出版社”“作者”“定价”“销量”。

（5）在标题为“新版图书创作流程示意”的幻灯片页中，将文本框中包含的流程文字利用智能图形展现。

（6）在该演示文稿中创建一个演示方案，该演示方案包含第一、二、四、七张幻灯片，并将该演示方案命名为“放映方案 1”。

（7）在该演示文稿中创建一个演示方案，该演示方案包含第一、二、三、五、六张幻灯片，并将该演示方案命名为“放映方案 2”。

（8）保存制作完成的演示文稿，并将其命名为“WPS 演示 .pptx”。

3.1.2　WPS Office 高级应用与设计上机操作题解析

一、字处理题

具体操作步骤如下：

（1）打开素材文件夹下的“WPS 文字 .docx”文档。

（2）根据题目要求，调整文档版面。在“页面布局”选项卡中，单击“纸张页面大小”，在弹出的列表中选择“其他页面大小”，打开“页面设置”对话框，切换至“纸张”选项卡，在“高度”和“宽度”微调框中分别设置为“35”和“27”，如图 3-1 所示。切换至“页边距”选项卡，在“上”和“下”微调框中都设置为“5”，在“左”和“右”微调框都设置为“3”，如图 3-2 所示。设置完毕后单击“确定”按钮。

在“页面布局”选项卡下，单击“背景”下拉按钮，在弹出的下拉列表中选择“图片背景”命令，弹出“填充效果”对话框。单击“选择图片”按钮，打开“选择图片”对话框，从目标文件夹中选择“海报背景图片 .jpg”，设置完毕后单击“确定”按钮。

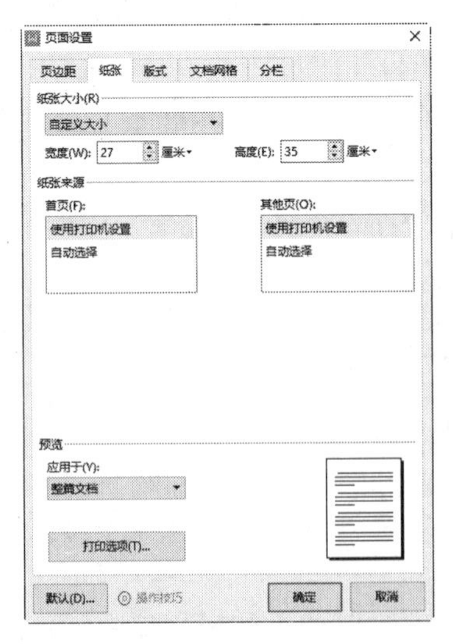

图 3-1　设置纸张大小

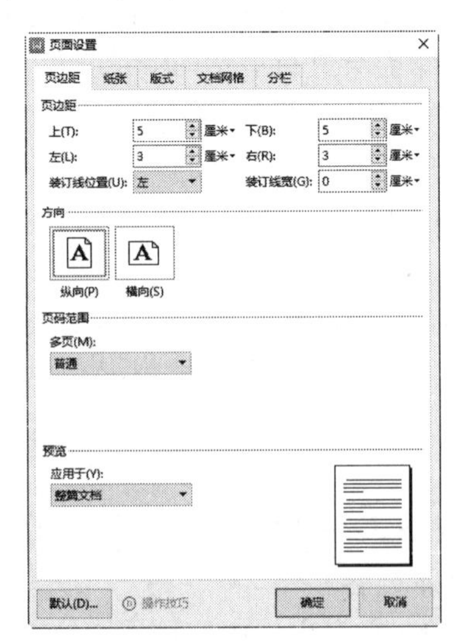

图 3-2　设置页边距

（3）根据“海报参考样式 .docx”文件，选中标题“‘领慧讲堂’就业讲座”，在“开始”选项卡下，“字体”设置为“华文琥珀”，“字号”设置为“初号”，“字体颜色”设置为“红色”，对齐方式设置为“居中”，如图 3-3 所示。按同样方式设置其他部分的格式。根据“海报参考样式 .docx”文件，将正文文本设置为“宋体”“二号”，字体颜色为“深蓝”和“白色”；“欢迎大家踊跃参加！”设置为“宋体”“初号”“白色”。

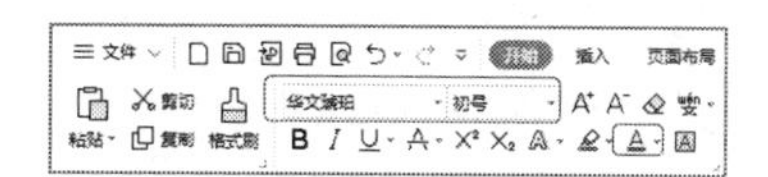

图 3-3　设置字体和字号等

（4）选中“报告题目”“报告人”“报告日期”“报告时间”“报告地点”等正文所在的段落信息，单击“开始”选项卡→“段落”启动器按钮，弹出“段落”对话框。在“缩进和间距”选项卡→“间距”组中，单击“行距”下拉列表，选择“1.5 倍行距”，在“段前”和“段后”微调框中都设置“3”；在“缩进”组中，选择“特殊格式”下拉列表框中的“首行缩进”选项，并在右侧对应的“磅值”下拉列表框中选择“3.5”选项，如图 3-4 所示。设置完毕后单击“确定”按钮。选中“欢迎大家踊跃参加”字样，单击“开始”选项卡→“居中”按钮，使其居中显示。按照同样的方式设置“主办：校学工处”为右对齐。

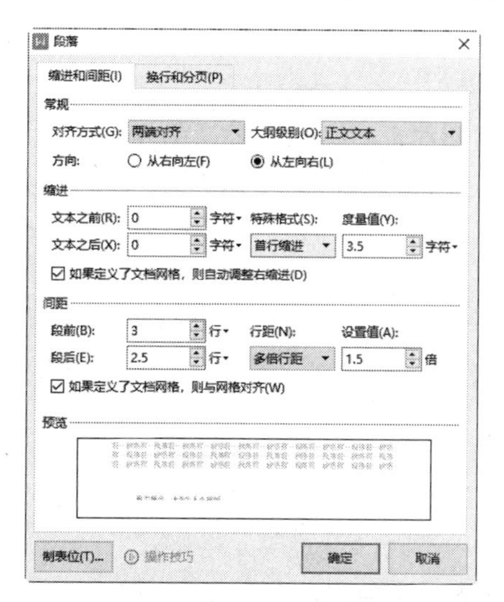

图 3-4　设置段落格式

（5）在“报告人：”位置后面输入报告人“赵蕈”。

（6）将鼠标置于“主办：校学工处”位置后面，单击“插入”选项卡，单击“分页”下拉按钮，选择“下一页分节符”命令即可另起一页。选择第二页，单击“页面布局”选项卡→“纸张大小”下拉按钮，选择“其他页面大小”命令，弹出“页面设置”对话框。切换至“纸张”选项卡，单击“纸张大小”下拉列表中的“A4”选项。切换至“页边距”选项卡，单击“纸张方向”组下的“横向”选项。设置完毕后单击“确定”按钮。单击“页面布局”选项卡→“页边距”下拉按钮，在弹出的下拉列表中选择“普通”选项。

（7）打开“活动日程安排 .xlsx”，选中表格中的所有内容，按 <Ctrl+C> 组合键复制所选内容。切换到“WPS 文字 .docx”文件中，将光标定位于“日程安排：”后，按 <Enter>

键另起一行。单击“开始”选项卡→“粘贴”下拉列表中的“选择性粘贴”按钮，弹出“选择性粘贴”对话框。勾选“粘贴链接”选项，在“作为”下拉列表框中选择“WPS 表格对象”，如图 3-5 所示。设置完毕后单击“确定”按钮。若更改“活动日程安排 .xlsx”文字单元格的内容，则 WPS 文字文档中的信息也同步更新。

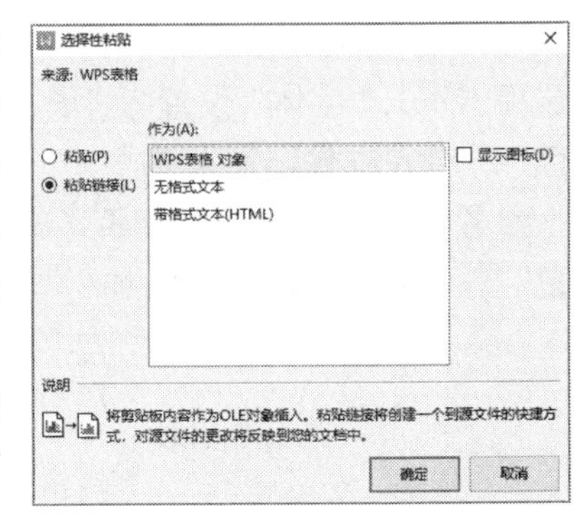

图 3-5　“选择性粘贴”对话框

（8）将光标置于“报名流程”字样后，按 <Enter> 键另起一行。单击“插入”选项卡→“智能图形”按钮，打开“智能图形”对话框，选择“流程”中的“基本流程”。在新添加的图形中选中圆角矩形，然后在上下文“设计”选项卡中，单击“添加项目”下拉按钮，在弹出的下拉列表中选择“在后面添加项目”，设置完毕后，即可得到与参考样式相匹配的图形。在文本位置输入相应的流程名称。选中“学工处报名”所处的文本框，然后单击“更改颜色”，在下拉列表中，选择其中的一种样式。

（9）在第二页“报告人介绍：”的下一段中，选中首字“赵”，单击“插入”选项卡→“首字下沉”按钮，在弹出的下拉列表中选择“首字下沉选项”，弹出“首字下沉”对话框，在“位置”组中选择“下沉”，单击“选项”组中的“字体”下拉列表框，选择“+ 中文正文”选项，“下沉行数”微调框设置为 3。设置完毕后单击“确定”按钮。将该段字体颜色设置为“白色”。

（10）选中图片，单击“图片工具”→“替换图片”按钮，弹出“插入图片”对话框，选择素材文件夹下的“Pic2.jpg”，单击“插入”按钮，实现图片更改。拖动图片到恰当位置。

（11）单击“保存”按钮保存本次的宣传海报设计为“WPS 文字 .docx”文件。

二、电子表格题

具体操作步骤如下：

（1）打开“WPS 表格 .xlsx”工作簿，在“订单明细表”工作表中选中 A2:H636，单击“开始”选项卡→“套用表格格式”按钮，在弹出的下拉列表中选择“表样式中等深浅 12”。弹出“套用表格格式”对话框，单击“确定”按钮。按住 <Ctrl> 键，同时选中“单价”列和“小计”列，右击，在弹出的快捷菜单中选择“设置单元格格式”命令，打开“单元格格式”对话框。在“数字”选项卡“分类”下选择“会计专用”命令，单击“货币符号”下拉列表选择“¥”，单击“确定”按钮。

（2）在“订单明细表”工作表的 E3 单元格中输入“=VLOOKUP([@ 图书编号], 表 2,2,FALSE)”，按 <Enter> 键。双击 E3 单元格右下角的填充柄，完成本列的填充。

（3）在“订单明细表”工作表的 F3 单元格中输入“=VLOOKUP([@ 图书编号], 表 2,3,FALSE)”，按 <Enter> 键。双击 F3 单元格右下角的填充柄，完成本列的填充。

（4）在“订单明细表”工作表的 H3 单元格中输入“=F3*G3”，按 <Enter> 键。双击 H3 单元格右下角的填充柄，完成本列的填充。

（5）在“统计报告”工作表中的 B3 单元格输入“=SUM(订单明细表 !H3:H636)”，按 <Enter> 键。

（6）在“统计报告”工作表 B4 单元格中输入“=SUMIFS(订单明细表 !H3:H636, 订单明细表 !E3:E636,"《MS Office 高级应用》", 订单明细表 !B3:B636,">=2012-1-1", 订单明细表 !B3:B636,"<=2012-12-31")”，按 <Enter> 键确认。

（7）在“统计报告”工作表的 B5 单元格中输入“=SUMIFS(订单明细表 !H3:H636, 订单明细表 !C3:C636," 隆华书店 ", 订单明细表 !B3:B636,">=2011-7-1", 订单明细表 !B3:B636,"<=2011-9-30")”，按 <Enter> 键确认。

（8）在“统计报告”工作表的 B6 单元格中输入“=(SUMIFS(订单明细表 !H3:H636, 订单明细表 !C3:C636," 隆华书店 ", 订单明细表 !B3:B636,">=2011-1-1", 订单明细表 !B3:B636,"<=2011-12-31"))/12”，按 <Enter> 键确认，然后设置该单元格格式保留两位小数。

（9）单击“保存”按钮，保存该工作簿。

三、演示文稿题

具体操作步骤如下：

（1）打开 WPS Office，新建一个空白演示文稿，单击“文件”选项卡右侧的下拉按钮，在下拉菜单中单击“插入”→“从文字大纲导入”命令，弹出“插入大纲”对话框，选择考生文件夹的“图书策划方案 .docx”文档，单击“打开”按钮。删除第一张幻灯片，效果如图 3-6 所示。图书策划方案演示文稿样张如图 3-7 所示。

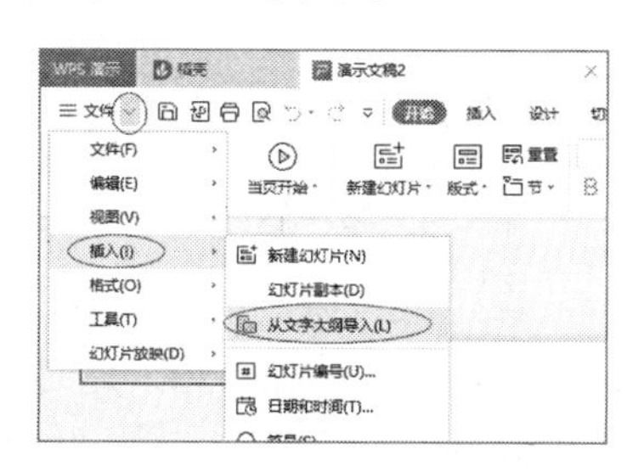

图 3-6 “从文字大纲导入”选项

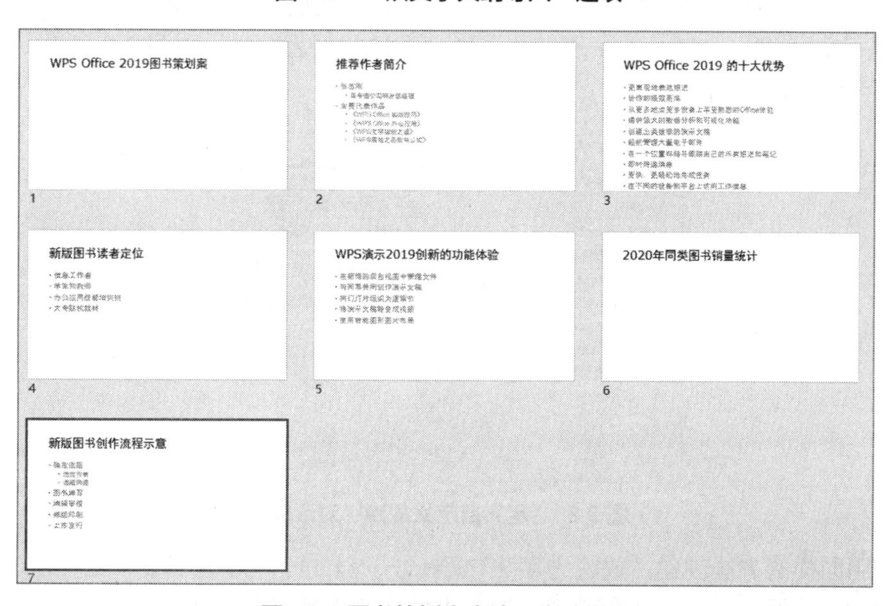

图 3-7 图书策划方案演示文稿样张

（2）选中演示文稿中的第一张幻灯片，单击“开始”选项卡→“版式”下拉箭头，在弹出的下拉列表中选择“标题幻灯片”。

（3）单击“设计”选项卡，选中其中一个主题样式，单击“插入并使用”按钮，删除多余的幻灯片。

（4）选中第六张幻灯片，单击“插入”选项卡→“表格”下拉箭头，在弹出的下拉列表中选择“插入表格”命令，弹出“插入表格”对话框。在“列数”微调框中输入“5”，在“行数”微调框中输入“6”，单击“确定”按钮。在表格中依次输入列标题“图书名称”“出版社”“作者”“定价”“销量”。

（5）选中第七张幻灯片，选中“确定选题”等文本，单击“开始”选项卡→“转智能图形”下拉箭头，选择“基本流程”，效果如图 3-8 所示。

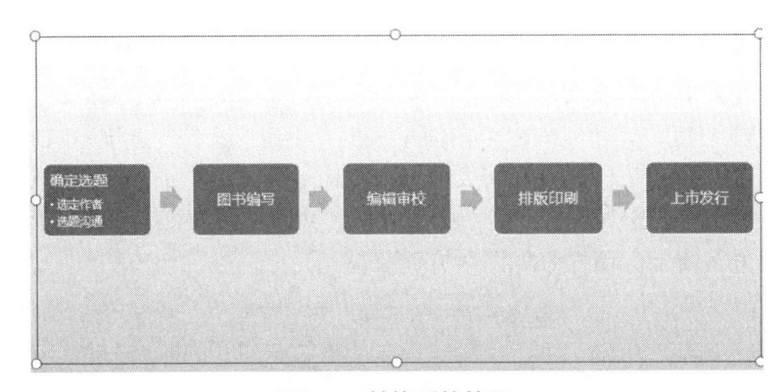

图 3-8　转换后的效果

（6）单击“放映”选项卡→“自定义放映”下拉按钮，弹出“自定义放映”对话框。单击“新建”按钮，弹出“定义自定义放映”对话框。在“幻灯片放映名称”文本框中输入“放映方案 1”，在“在演示文稿中的幻灯片”列表框中选择“1. Microsoft Office 图书策划案”，然后单击“添加”命令将第一张幻灯片添加到“在自定义放映中的幻灯片”列表框中。按照同样的方式分别将第二、四、七张幻灯片添加到右侧的列表框中。如图 3-9 所示，单击“确定”按钮后返回到“自定义放映”对话框。

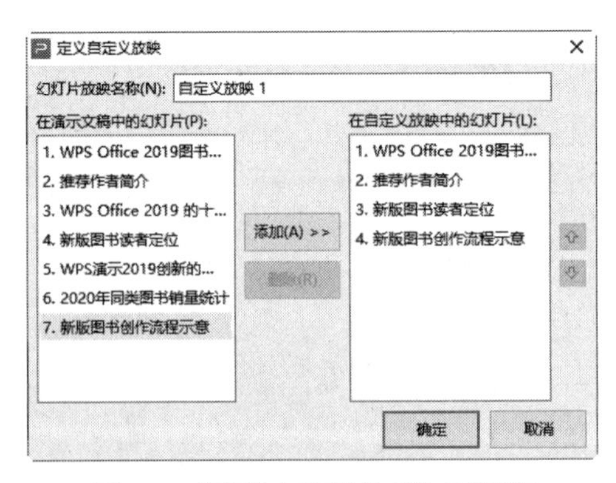

图 3-9　“定义自定义放映”对话框

（7）用同样的方法创建“放映方案 2”。

（8）单击“保存”命令按钮，将制作完成的演示文稿保存为“WPS 演示 .pptx”。

3.2 WPS Office 高级应用与设计上机操作题（2）

3.2.1 WPS Office 高级应用与设计上机操作题

一、字处理题

某高校学生会计划举办一场“大学生网络创业交流会”的活动，拟邀请部分专家和老师给在校学生进行演讲。因此，校学生会外联部需制作一批邀请函，并分别递送给相关的专家和老师。

打开文档“WPS 文字 .docx”，请按如下要求，完成邀请函的制作：

（1）调整文档版面，要求页面高度 30 厘米、宽度 18 厘米，页边距（上、下）为 2 厘米，页边距（左、右）为 3 厘米。

（2）将素材文件夹下的图片“背景图片 .jpg”设置为邀请函背景。

（3）根据“邀请函参考样式 .docx”文件，调整邀请函中内容文字的字体、字号和颜色。

（4）调整邀请函中内容文字段落对齐方式。

（5）根据页面布局需要，调整邀请函中“大学生网络创业交流会”和“邀请函”两个段落的间距。

（6）在“尊敬的”和“（老师）”文字之间，插入拟邀请的专家和老师姓名，拟邀请的专家和老师姓名在素材文件夹下的“通讯录 .xlsx”文件中。每页邀请函中只能包含一位专家或老师的姓名，所有的邀请函页面请另外保存在一个名为“邀请函 .docx”文件中。

（7）邀请函文档制作完成后，请保存“WPS 文字 .docx”文件。

二、电子表格题

小蒋是一位中学教师，在教务处负责初一年级学生的成绩管理。现在，第一学期期末考试刚刚结束，小蒋将初一年级三个班的成绩均录入了文件名为“学生成绩单 .xlsx”的 WPS 表格工作簿文档中。

请你根据下列要求帮助小蒋老师对该成绩单进行整理和分析：

（1）对工作表“第一学期期末成绩”中的数据列表进行格式化操作：将第一列“学号”列设为文本，将所有成绩列设为保留两位小数的数值；适当加大行高列宽，改变字体、字号，设置对齐方式，增加适当的边框和底纹以使工作表更加美观。

（2）利用“条件格式”功能进行下列设置：将语文、数学、英语三科中不低于 110 分的成绩所在的单元格以一种颜色填充，其他四科中高于 95 分的成绩以另一种字体颜色标出，所用颜色深浅以不遮挡数据为宜。

（3）利用 SUM 和 AVERAGE 函数计算每一个学生的总分及平均成绩。

（4）学号第 3、4 位代表学生所在的班级，例如：“120105”代表 12 级 1 班 5 号。请通过函数提取每个学生所在的班级并按下列对应关系填写在“班级”列中：

01	1 班
02	2 班
03	3 班

（5）复制工作表“第一学期期末成绩”，将副本放置到原表之后；改变该副本表标签的颜色，并重新命名，新表名需包含“分类汇总”字样。

（6）通过分类汇总功能求出每个班各科的平均成绩，并将每组结果分页显示。

（7）以分类汇总结果为基础，创建一个簇状柱形图，对每个班各科平均成绩进行比较，并将该图表放置在一个名为“柱状分析图”新工作表中。

三、演示文稿题

校摄影社团在今年的摄影比赛结束后，希望可以借助 WPS 演示将优秀作品在社团活动中进行展示。这些优秀的摄影作品保存在素材文件夹中，并以 Photo(1).jpg ~ Photo(12).jpg 命名。现在，请你按照如下需求，在 WPS 演示中完成制作工作：

（1）利用 WPS 演示应用程序创建一个相册，并包含 Photo(1).jpg ~ Photo(12).jpg 共 12 幅摄影作品。

（2）为相册中每张幻灯片设置不同的切换效果。

（3）在标题幻灯片后插入一张新的幻灯片，将该幻灯片设置为“标题和内容”版式。在该幻灯片的标题位置输入“摄影社团优秀作品赏析”；在该幻灯片的内容文本框中输入三行文字，分别为“湖光春色”、“冰消雪融”和“田园风光”。

（4）将“湖光春色”、“冰消雪融”和“田园风光”3 行文字转换样式为“蛇形图片重点列表”的智能图形对象，并将 Photo(1).jpg、Photo(6).jpg 和 Photo(9).jpg 定义为该智能图形对象的显示图片。

（5）为智能图形对象添加自左至右的“擦除”进入动画效果。

（6）在智能图形对象元素中添加幻灯片跳转链接，使得单击“湖光春色”标注形状可跳转至第 3 张幻灯片，单击“冰消雪融”标注形状可跳转至第 4 张幻灯片，单击“田园风光”标注形状可跳转至第 5 张幻灯片。

（7）将素材文件夹中的“ELPHRG01.wav”声音文件作为该相册的背景音乐，并在幻灯片放映时即开始播放。

（8）将该相册保存为“WPS 演示 .pptx”文件。

3.2.2 WPS Office 高级应用与设计上机操作题解析

一、字处理题

具体操作步骤如下：

（1）打开素材文件夹下的“WPS 文字 .docx”文档。

（2）根据题目要求，调整文档版面。单击“页面布局”选项卡→“纸张大小”按钮，在列表中选择“其他纸张大小”，打开“页面设置”对话框，切换至“纸张”选项卡，在“高度”和“宽度”微调框中分别设置为“30 厘米”和“18 厘米”，如图 3-10 所示。切换至“页边距”选项卡，在“上”和“下”微调框中都设置为“2 厘米”，在“左”和“右”微调框都设置为“3 厘米”，如图 3-11 所示。设置完毕后单击“确定”按钮。

（3）单击“页面布局”选项卡→“背景”下拉列表中的“图片背景”选项，弹出“填充效果”对话框。单击“选择图片”按钮，打开“选择图片”对话框，从目标文件夹中选择“背

景图片 .jpg”。设置完毕后单击“确定”按钮。

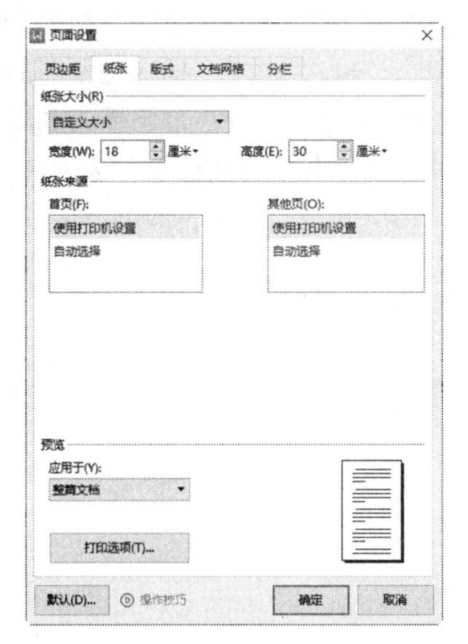

图 3-10　设置纸张大小

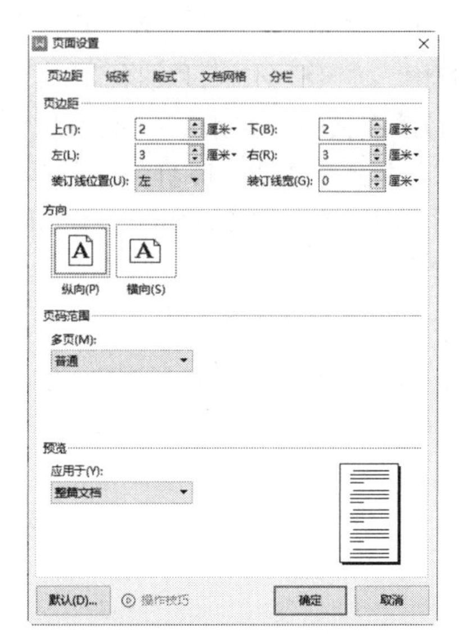

图 3-11　设置页边距

（4）根据“邀请函参考样式 .docx”文件，选中标题“大学生网络创业交流会”，单击“开始”选项卡→“字体”下拉列表，设置字体为“微软雅黑”，设置字号为“二号”，设置字体颜色为“蓝色”，如图 3-12 所示。按照同样的方式，设置“邀请函”字体为“微软雅黑”，字号为“二号”，字体颜色为“自动”。最后选中正文部分，设置字体为“微软雅黑”，字号为“五号”，字体颜色为“自动”。

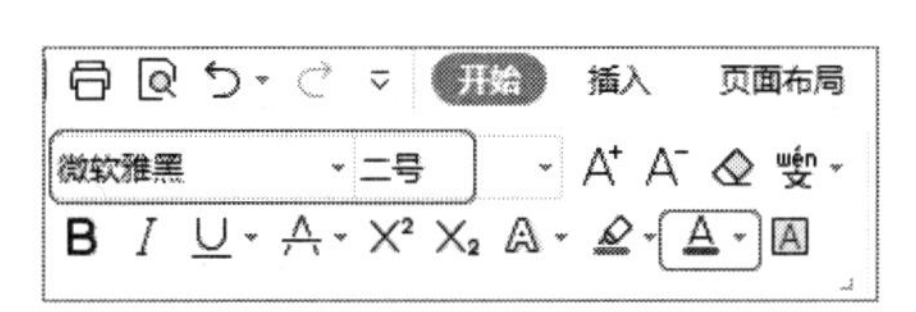

图 3-12　设置标题字体格式

（5）选中“大学生网络创业交流会”和“邀请函”文字，单击“开始”选项卡→“居中”按钮。选中正文部分，然后右击，在弹出的快捷菜单中选择“段落”，弹出“段落”对话框，切换至“缩进和间距”选项卡，单击“缩进”组中“特殊格式”下拉按钮，选择“首行缩进”，在“磅值”微调框中调整磅值为“2”。设置完毕后单击“确定”按钮。选中文档最后两行的文字内容（即邀请函的落款），单击“开始”选项卡→“文本右对齐”按钮。

（6）选中“大学生网络创业交流会”和“邀请函”，然后右击，在弹出的快捷菜单中选择“段落”，弹出“段落”对话框，切换至“缩进和间距”选项卡，在“间距”组中设置“段前”和“段后”分别为“0.5”，设置完毕后单击“确定”按钮。

（7）把鼠标定位在“尊敬的”和“（老师）”之间，单击“引用”选项卡→“邮件”选项卡按钮，显示“邮件合并”选项卡，如图 3-13 所示。单击“打开数据源”按钮，弹出“选择数据源”对话框，然后选择素材文件夹下的“通讯录 .xlsx”文件，单击“打开”按钮，打开“选择表格”对话框，在列表中选择“通讯录 $”，如图 3-14 所示，单击“确定”按钮。

单击“收件人”按钮，打开“邮件合并收件人”对话框，如图 3-15 所示。单击“确定”按钮完成现有工作表的链接工作。单击“插入合并域”命令按钮，打开“插入域”对话框，在“域”列表框中，按照题意选择“姓名”域，如图 3-16 所示。单击“插入”按钮，插入完所需的域后，单击“关闭”按钮，关闭“插入合并域”对话框。文档中的相应位置就会出现已插入的域标记。单击“合并到新文档”按钮，打开“合并到新文档”对话框，在“合并记录”选项区域中，选中“全部”单选按钮，如图 3-17 所示。设置完成后单击“确定”按钮，即可在文中看到，每页邀请函中只包含 1 位专家或老师的姓名，单击“文件”选项卡→“另存为”命令按钮，打开“另存为”对话框，将文件保存到指定位置，并且命名为“邀请函 .docx”。

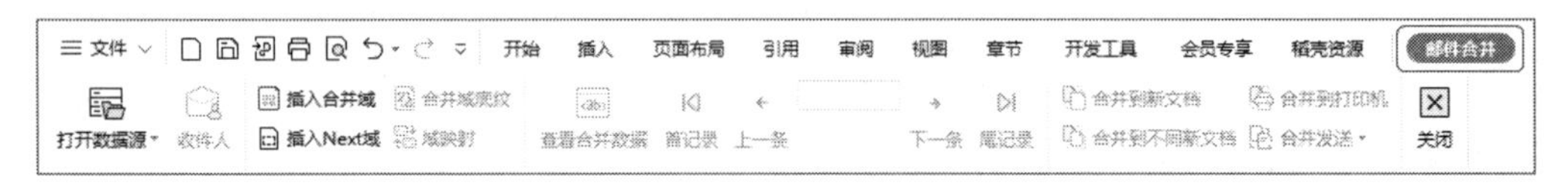

图 3-13 “邮件合并”选项卡

图 3-14 选择“通讯录 $”表格

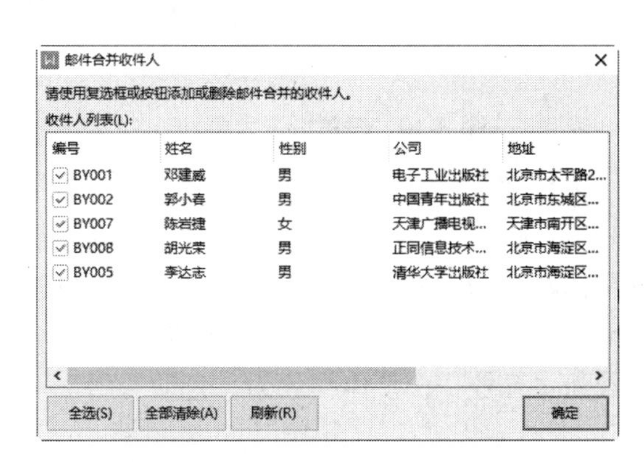

图 3-15 “邮件合并收件人”对话框

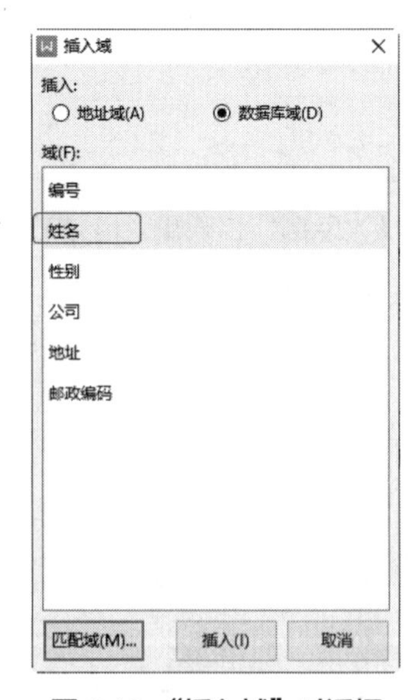

图 3-16 “插入域”对话框

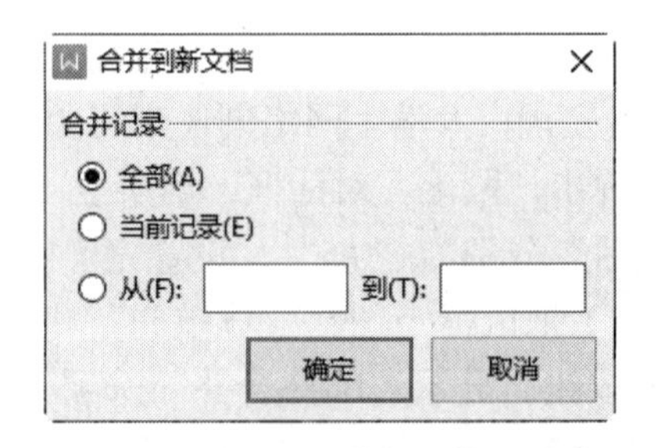

图 3-17 “合并到新文档”对话框

（8）切换至“WPS 文字”文档，单击“保存”按钮，保存文档。

二、电子表格题

具体操作步骤如下：

（1）打开“学生成绩单 .xlsx”工作簿。选中“学号”所在的列，右击，在弹出的快捷菜单中选择“设置单元格格式”命令，弹出“单元格格式”对话框。切换至“数字”选项卡，在“分类”组中选择“文本”，单击“确定”按钮。选中所有成绩列，右击，在弹出的快捷菜单中选择“设置单元格格式”命令，弹出“单元格格式”对话框，切换至“数字”选项卡，在“分类”组中选择“数值”，在小数位数微调框中设置小数位数为 2，单击“确定”按钮。选中 A1:L19 单元格，单击“开始”选项卡→“行和列”下拉按钮，在弹出的下拉列表中选择“行高”命令，弹出“行高”对话框，设置行高为 15，设置完毕后单击“确定”按钮。单击“开始”选项卡→“行和列”下拉按钮，在弹出的下拉列表中选择“列宽”命令，弹出“列宽”对话框，设置列宽为 10，单击“确定”按钮。右击，在弹出的快捷菜单中选择“设置单元格格式”，在弹出的“单元格格式”对话框中切换至“字体”选项卡，在“字体”下拉列表框中设置字体为“幼圆”，在“字号”下拉列表中设置字号为 12，单击“确定”按钮。选中第一行单元格，单击“开始”选项卡→“加粗”按钮，从而设置字形为“加粗”。重新选中数据区域，按照同样的方式打开“单元格格式”对话框，切换至“对齐”选项卡，在“文本对齐方式”组中设置“水平对齐”与“垂直对齐”都为“居中”。切换至“边框”选项卡，在“预置”选项中选择“外边框”和“内部”选项。再切换至“图案”选项卡，在“颜色”下选择“浅绿”选项，单击“确定”按钮。

（2）选中 D2:F19 单元格区域，单击“开始”选项卡→“条件格式”下拉按钮，选择“突出显示单元格规则”中的“其他规则”命令，弹出“新建格式规则”对话框。在“编辑规则说明”选项下设置单元格值大于或等于 110，然后单击“格式”按钮，弹出“单元格格式”对话框，在“图案”选项卡→选择“橙色，强调文字颜色 6，淡色 80%”，单击“确定”按钮。选中 G2:J19，按照上述同样方法，把单元格值大于 95 的字体颜色设置为红色。

（3）在 K2 单元格中输入“=SUM(D2:J2)”，按 <Enter> 键，拖动 K2 右下角的填充柄直至最下一行数据处，完成总分的填充。在 L2 单元格中输入“=AVERAGE(D2:J2)”，按 <Enter> 键，拖动 L2 右下角的填充柄直至最下一行数据处，完成平均分的填充。

（4）在 C2 单元格中输入“=LOOKUP(MID(A2,3,2),{"01","02","03"},{"1 班 ","2 班 ","3 班 "})”，按 <Enter> 键后该单元格值为“3 班”，拖动 C2 右下角的填充柄直至最下一行数据处，完成班级的填充。

（5）选中“第一学期期末成绩”标签，按住 <Ctrl> 键，按下鼠标将其拖放至 Sheet2 前，完成工作表的复制。在副本的工作表名上右击，在弹出的快捷菜单的“工作表标签颜色”的级联菜单中选择“红色”命令。双击副本表名呈可编辑状态，重新命名为“第一学期期末成绩分类汇总”。

（6）先按班级升序进行排序，把光标放在 C2:C19 中的任意一个单元格，单击“数据”选项卡→“排序”→“升序”按钮，完成设置。选中数据区域中的任意一个单元格，单击“数据”选项卡→“分类汇总”按钮，弹出“分类汇总”对话框，单击“分类字段”下拉按钮，选择“班级”选项，单击“汇总方式”下拉按钮，选择“平均值”选项，在“选定汇总项”组中勾选“语文”“数学”“英语”“生物”“地理”“历史”“政治”复选框。勾选“每组数据分页”复选框，单击“确定”按钮。

（7）按住 <Ctrl> 键，选中 C1:J1 区域、C8:J8 区域、C15:J15 区域和 C22:J22 区域，单击“插入”选项卡→“插入柱形图”按钮，在弹出的下拉列表中选择“簇状柱形图”。右击图表区，在弹出的快捷菜单中选择“选择数据”命令，弹出“选择数据源”对话框，选中“图例项”选项下的“1 班 平均值”，单击“编辑”按钮，弹出“编辑数据系列”对话框，在“系列名称”文本框中输入“1 班”。然后单击“确定”按钮完成设置，按照同样方法编辑“2 班 平均值”“3 班 平均值”为“2 班” “3 班”。单击“确定”按钮，完成设置，效果如图 3-18 所示。选中该簇状柱形图，单击“图表工具”→“移动图表”按钮，在打开的“移动图表”对话框中，选中“新工作表”选项按钮，在右侧文本框中输入“柱状分析图”，如图 3-19 所示，单击“确定”按钮。

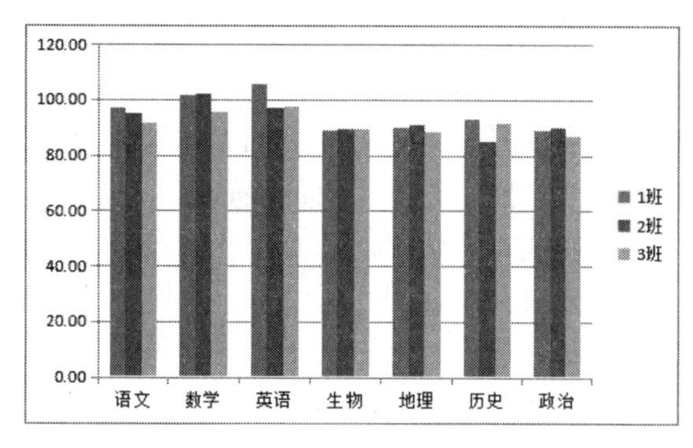

图 3-18 图表效果

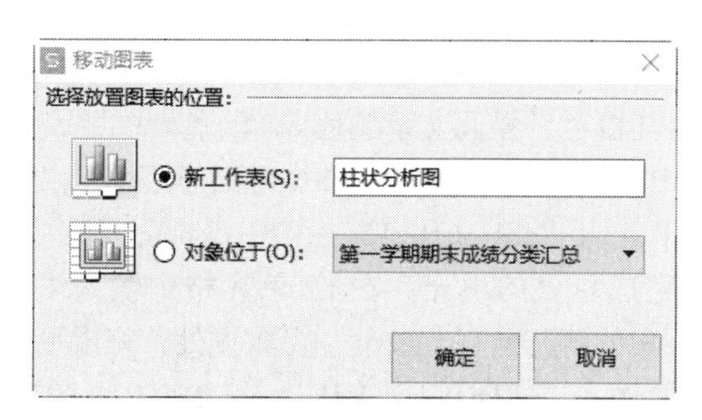

图 3-19 “移动图表”对话框

（8）单击“保存”按钮，保存该工作簿。

三、演示文稿题

具体操作步骤如下：

（1）启动 WPS 演示应用程序，新建一个空白演示文稿。单击“插入”选项卡→“图片”下拉按钮，选择“分页插图”。弹出“分页插入图片”对话框。选中要求的 12 张图片，单击“打开”按钮即可完成分页插图。

（2）选中第一张幻灯片，单击“切换”选项卡→“切换到此幻灯片”选项组→“淡出”切换效果。用同样的方法设置第二张幻灯片切换效果为“推进”。第三张幻灯片切换效果设置为“擦除”。第四张幻灯片切换效果设置为“分割”。

（3）在左侧的“幻灯片”窗格中，将光标置于放在第一张幻灯片前，单击“开始”选项卡→“新建幻灯片”按钮，在弹出的下拉列表中选择“标题和内容”。在新建的幻灯的标题文本框中输入“摄影社团优秀作品赏析”；并在该幻灯片的内容文本框中输入三行文字，分别为“湖光春色”、“冰消雪融”和“田园风光”。

（4）选中第一张幻灯片，单击“插入”选项卡→“音频”按钮，在列表中选择“嵌入音频”。在弹出的“插入音频”对话框中选中“ELPHRG01.wav”音频文件，单击“确定”按钮。选中音频的小喇叭图标，在“音频工具”选项卡中，勾选“循环播放，直到停止”和“播完返回开头”复选框，在“开始”下拉列表框中选择“自动”，具体设置如图 3-20 所示。

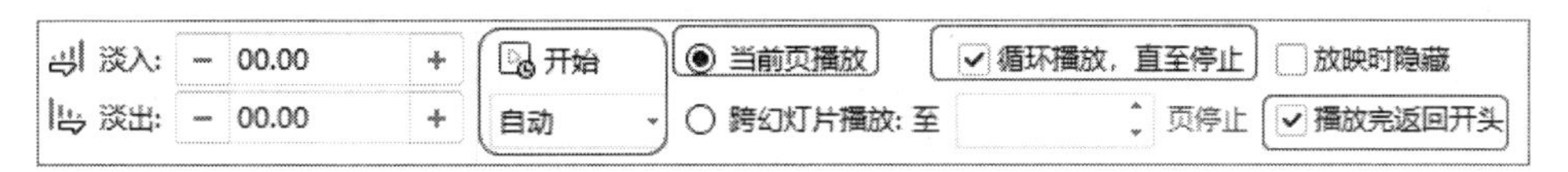

图 3-20 设置音频播放

（5）选中“湖光春色”、“冰消雪融”和“田园风光”三行文字，单击“开始”选项卡→“转智能图形”按钮，在弹出的下拉列表中选择“蛇形图片重点列表”。双击“湖光春色”所对应的图片按钮，在弹出的“插入图片”对话框中选择“Photo (1).jpg”图片。用同样的方法设置“冰消雪融”和“田园风光”中的图片。设置好的效果如图 3-21 所示。

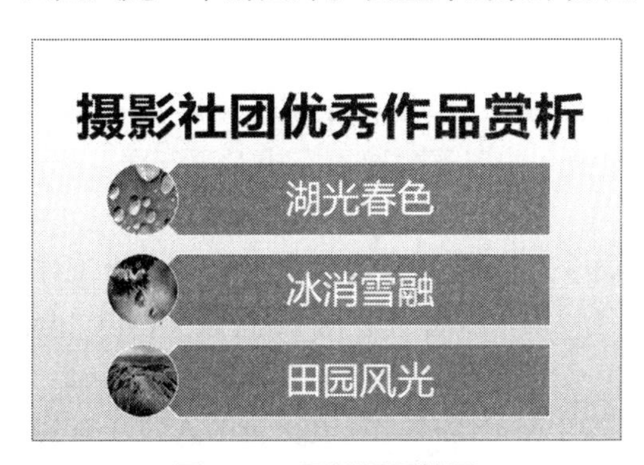

图 3-21 图片设置效果

（6）选中智能图形对象元素，单击“动画”选项卡→“擦除”按钮。单击“动画”选项卡→“动画窗格”按钮，打开“动画窗格”任务窗格，单击“方向”右侧的下拉箭头，在列表中“自左侧”。

（7）单击“保存”命令按钮，在弹出的“另存为”对话框中，在“文件名”文本框中输入“WPS 演示 .pptx”，单击“保存”按钮。

3.3 WPS Office 高级应用与设计上机操作题（3）

3.3.1 WPS Office 高级应用与设计上机操作题

一、字处理题

为了更好地介绍公司的服务与市场战略，市场部助理小王需要协助制作完成公司战略规划文档，并调整文档的外观与格式。现在，请你按照如下需求，在“WPS 文字 .docx”文档中完成制作工作：

（1）调整文档纸张大小为 A4 幅面，纸张方向为纵向；并调整上、下页边距为 2.5 厘米，左、右页边距为 3.2 厘米。

（2）将“WPS 文字 .docx”文档中的所有红颜色文字段落应用为“标题 1”段落样式。

（3）将“WPS 文字 .docx”文档中的所有绿颜色文字段落应用为“标题 2”段落样式。

（4）将文档中出现的全部“软回车”符号（手动换行符）更改为“硬回车”符号（段落标记）。

（5）修改文档样式库中的“正文”样式，使得文档中所有正文段落首行缩进 2 个字符。

（6）为文档添加页眉，并将当前页中样式为“标题 1”的文字自动显示在页眉区域中。

（7）在文档的第四个段落后（标题为“目标”的段落之前）插入一个空段落，并按照下面的数据方式在此空段落中插入一个折线图图表，将图表的标题命名为“公司业务指标”。

	销售额	成本	利润
2010 年	4.3	2.4	1.9
2011 年	6.3	5.1	1.2
2012 年	5.9	3.6	2.3
2013 年	7.8	3.2	4.6

二、电子表格题

中国的人口发展形势非常严峻，为此国家统计局每 10 年进行一次全国人口普查，以掌握全国人口的增长速度及规模。按照下列要求完成对第五次、第六次人口普查数据的统计分析：

（1）新建一个空白 WPS 工作簿，创建两张工作表，将工作表 Sheet1 更名为“第五次普查数据”，将 Sheet2 更名为“第六次普查数据”，将该文档以“全国人口普查数据分析 .xlsx”为文件名进行保存。

（2）将考试文件夹下以空格分隔的“第五次全国人口普查公告 .txt”文件中的数据导入到工作表“第五次普查数据”中；将考试文件夹下以空格分隔的“第六次全国人口普查公告 .txt”文件中的数据导入到工作表“第六次普查数据”中（要求均从 A1 单元格开始导入，不得对两个工作表中的数据进行排序）。

（3）对两个工作表中的数据区域套用合适的表格样式，要求至少四周有边框、且偶数行有底纹，并将所有人口数列的数字格式设为带千分位分隔符的整数。

（4）将两个工作表内容合并，合并后的工作表放置在新工作表“比较数据”中（自 A1 单元格开始），且保持最左列仍为地区名称、A1 单元格中的列标题为“地区”，对合并后的工作表适当的调整行高列宽、字体字号、边框底纹等，使其便于阅读。以“地区”为关键字对工作表“比较数据”进行升序排列。

（5）在合并后的工作表“比较数据”中的数据区域最右边依次增加“人口增长数”和“比重变化”两列，计算这两列的值，并设置合适的格式。其中：人口增长数 =2010 年人口数 –2000 年人口数；比重变化 =2010 年比重 –2000 年比重。

（6）打开工作簿“统计指标 .xlsx”，将工作表“统计数据”插入到正在编辑的文档“全国人口普查数据分析 .xlsx”中工作表“比较数据”的右侧。

（7）在工作簿“全国人口普查数据分析 .xlsx”的工作表“比较数据”中的相应单元格内填入统计结果。

（8）基于工作表“比较数据”创建一个数据透视表，将其单独存放在一个名为“透视分析”的工作表中。透视表中要求筛选出 2010 年人口数超过 5 000 万的地区及其人口数、2010 年所占比重、人口增长数，并按人口数从多到少排序。最后适当调整透视表中的数字格式。（提示：行标签为“地区”，数值项依次为 2010 年人口数、2010 年比重、人口增长数）

三、演示文稿题

文君是新世界数码技术有限公司的人事专员，国庆节过后，公司招聘了一批新员工，需要对他们进行入职培训。人事助理已经制作了一份演示文稿的素材“新员工入职培训 .pptx”，请打开该文档进行美化，要求如下：

（1）将第二张幻灯片版式设为“标题和竖排文字”，将第四张幻灯片的版式设为“比较”，为整个演示文稿指定考试文件夹下的“风景 .thmx”主题。

（2）通过幻灯片母版为每张幻灯片增加利用艺术字制作的水印效果，水印文字中应包含“新世界数码”字样，并旋转一定的角度。

（3）根据第五张幻灯片右侧的文字内容创建一个组织结构图，其中总经理助理为助理级别，结果应类似样例文件“组织结构图样例 .docx”中所示，并为该组织结构图添加任一动画效果。

（4）为第六张幻灯片左侧的文字“员工守则”加入超链接，链接到“员工守则 .docx”文档，并为该张幻灯片添加适当的动画效果。

（5）为演示文稿设置不少于 3 种的幻灯片切换方式。

3.3.2 WPS Office 高级应用与设计上机操作题解析

一、字处理题

具体操作步骤如下：

（1）打开素材文件夹下的“WPS 文字 .docx”文档。

（2）根据题目要求，调整文档版面。单击“页面布局”选项卡→“纸张大小”按钮，在下拉列表中选择“A4”。单击“纸张方向”按钮，在列表中选择“纵向”；在“页面布局”选项卡中，设置“上”和“下”微调框中都设置为“2.5”，“左”和“右”微调框都设置为“3.2”。

（3）用鼠标选择红色文字段落，单击“开始”选项卡→“查找替换”按钮，打开“查找和替换”对话框。将光标置于“查找内容”右侧的文本框中，单击“格式”按钮，在列表中选择“字体”，打开“字体”对话框，字体颜色选择“红色”，单击“确定”按钮；将光标置于“替换为”右侧的文本框中，单击“特殊格式”按钮，在列表中选择“查找内容”，再单击“格式”按钮，在列表框中选择“样式”，打开“查找样式”对话框，在“查找样式”中选择“标题 1”，效果如图 3-22 所示。单击“全部替换”按钮，完成替换。

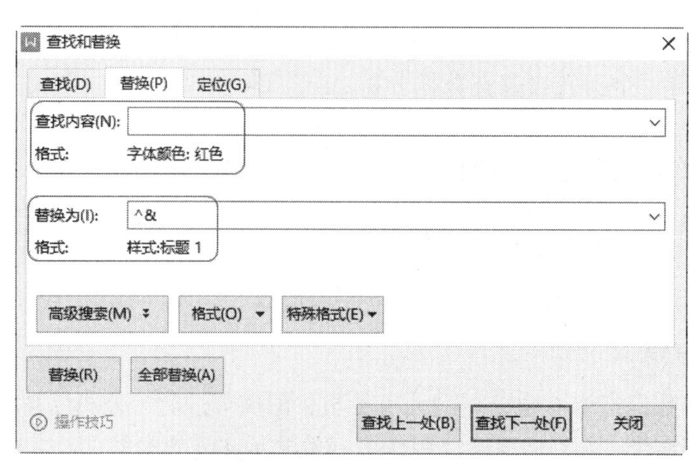

图 3-22 “查找和替换”对话框

（4）用同样的方法更改“绿色文字”为“标题 2”样式。

（5）单击“开始”选项卡→“文字排版”按钮，在下拉列表中选择“换行符转为回车”命令，如图 3-23 所示。将全部“软回车”符号更改为“硬回车”符号。

图 3-23 “文字排版”下拉列表

（6）在“开始”选项卡中，右击“正文”按钮，在弹出的快捷菜单中选择“修改样式”选项，打开“修改样式”对话框。在“格式”下拉列表中，选择“段落”选项，打开“段落”对话框，在“缩进”组中，选择“特殊格式”下拉列表中的“首行缩进”，在“磅值”列表中选择“2”，单击“确定”按钮回到“修改样式”对话框。单击“确定”按钮完成样式的修改。

（7）单击“插入”选项卡→“页眉页脚”按钮，在上下文工具“页眉页脚”选项卡中，单击“域”命令，打开“域”对话框，选择“请选择域”组“域名”列表中的“样式引用”，在右侧“样式名”下拉列表中选择“标题 1”选项，如图 3-24 所示。设置完毕后单击“确定”按钮。

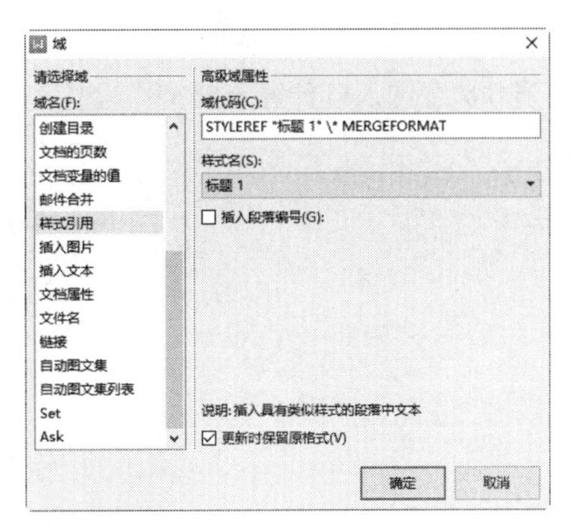

图 3-24　设置“域”对话框

（8）把鼠标指针定位在文档的第 4 个段落后（标题为“目标”的段落之前），按 <Enter> 键另起一行。单击“插入”选项卡→“图表”按钮，打开的“图表”对话框。选择左侧列表中的“折线图”选项，然后双击右侧列表中的“折线图”按钮，如图 3-25 所示。在上下文“图表工具”选项卡中，单击“编辑数据”，打开图表对应的 WPS 表格文件，将题目要求的数据录入 WPS 表格文件，如图 3-26 所示即可在“WPS 文字 .docx”中生成折线图，然后修改图表标题为“公司业务指标”。

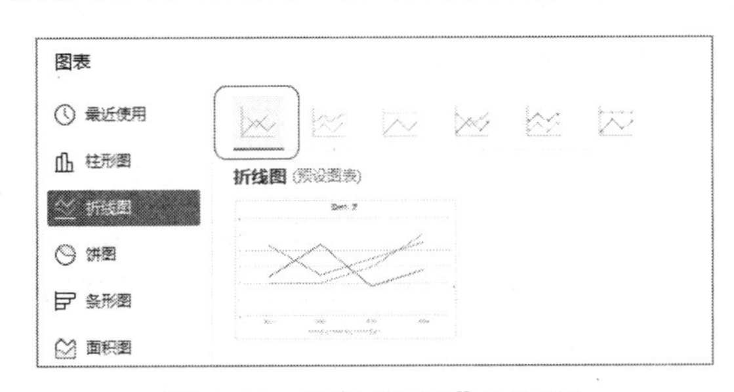

图 3-25　设置“图表”对话框

	A	B	C	D
1		销售额	成本	利润
2	2010年	4.3	2.4	1.9
3	2011年	6.3	5.1	1.2
4	2012年	5.9	3.6	2.3
5	2013年	7.8	3.2	4.6
6				

图 3-26　在 WPS 表格中录入数据

（9）单击“保存”按钮保存文档。

二、电子表格题

具体操作步骤如下：

（1）新建一个空白 WPS 表格工作簿，命名为“全国人口普查数据分析 .xlsx”。双击工作表 Sheet1 的表名，在编辑状态下输入“第五次普查数据”。插入一张新工作表，双击工作表表名，在编辑状态下输入“第六次普查数据”。

（2）在工作表“第五次普查数据”中选中 A1 单元格，单击“数据”选项卡→“导入数据”按钮，在弹出的列表中选择“导入数据”按钮，弹出“第一步：选择数据源”对话框，单击“选择数据源”，如图 3-27 所示，打开“打开”对话框，选择考试文件夹下的“第五次全国人口普查公报”文本文件，单击“打开”按钮，出现“文件转换”对话框，如图 3-28 所示。单击“下一步”按钮，出现“文本导入向导 -3 步骤之 1”对话框，单击“下一步”按钮，出现“文本导入向导 -3 步骤之 2”对话框，选择分隔符号为“空格”，单击“下一步”按钮，出现“文本导入向导 –3 步骤之 3”对话框，单击“完成”按钮完成数据的导入。用同样的方法导入考试文件夹下的“第六次全国人口普查公报 .txt”。

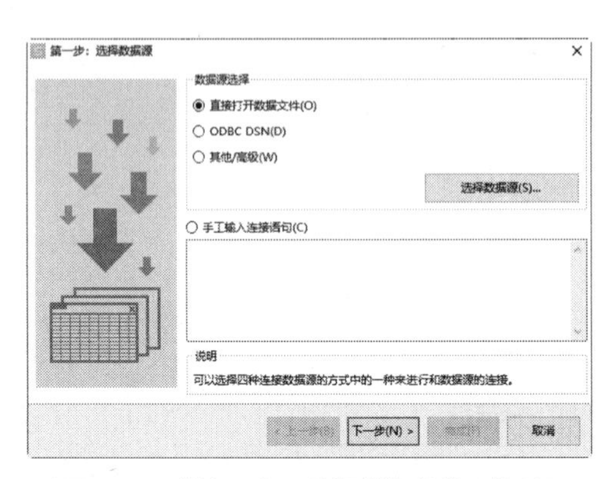

图 3-27 “第一步：选择数据源”对话框

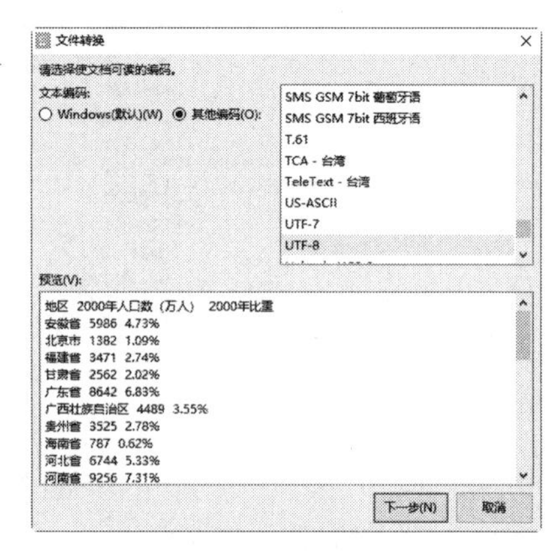

图 3-28 “文件转换”对话框

（3）在工作表“第五次普查数据”中选中数据区域，单击“开始”选项卡→“表格样式”下拉按钮，弹出下拉列表，选择“表样式浅色 16”。选中 B 列，右击，在弹出的快捷菜单中选择“设置单元格格式”，弹出“单元格格式”对话框，在“数字”选项卡的“分类”下选择“数值”，在“小数位数”微调框中输入 0，勾选“使用千位分隔符”复选框，然后单击“确定”按钮。用同样的方法对工作表“第六次普查数据”套用“表样式浅色 17”，并将所有人口数列的数字格式设为带千分位分隔符的整数。

（4）新建一张工作表，并将其重命名为“比较数据”。在该工作表的 A1 中输入“地区”。单击“数据”选项卡→“合并计算”按钮，弹出“合并计算”对话框，设置“函数”为“求和”，在“引用位置”文本框中键入第一个区域“第五次普查数据 !$A$1:$C$34”，单击“添加”按钮，键入第二个区域“第六次普查数据 !$A$1:$C$34”，单击“添加”按钮，在“标签位置”下勾选“首行”复选框和“最左列”复选框，单击“确定”按钮。

选中整个工作表，单击“开始”选项卡→“行和列”下拉按钮，从弹出的下拉列表中选择“最适合的行高”。单击“行和列”下拉按钮，从弹出的下拉列表中选择“最适合的列宽”。在“开始”选项卡中，设置字体为“黑体”，字号为 12。选中数据区域，右击，从弹出的快捷菜单中选择“设置单元格格式”命令，弹出“单元格格式”对话框，单击“边框”选项卡，单击“外边框”和“内部”后单击“确定”按钮。选中数据区域，单击“开始”选项卡→“表格样式”下拉按钮，选择“表样式浅色 18”。

选中数据区域的任一单元格，单击“数据”选项卡→“排序”下拉箭头，从列表中选择“自定义排序”，打开“排序”对话框，设置“主要关键字”为“地区”，“次序”为“升序”，单击“确定”按钮。

（5）在合并后的工作表“比较数据”中的数据区域最右边依次增加“人口增长数”和“比重变化”两列。在工作表“比较数据”中的 F2 单元格中输入“=D2–B2”后按 <Enter> 键，双击 F2 单元格右下角的填充柄，完成数据的填充。在 G2 单元格中输入“=E2–C2”后按 <Enter> 键，双击 G2 单元格右下角的填充柄，完成数据的填充。选中 F 列和 G 列，单击“开始”选项卡→“数字”选项组中对话框启动器按钮，弹出“单元格格式”对话框，在“数字”

选项卡的“分类”下选择“数值”，在“小数位数”微调框中输入 4，然后单击“确定”按钮。

（6）打开工作簿“统计指标 .xlsx”，将工作表复制到“全国人口普查数据分析 .xlsx”中工作表“比较数据”的右侧。

（7）在工作簿“全国人口普查数据分析 .xlsx”的工作表“比较数据”中的 C2 单元格中输入“=SUM(第五次普查数据 !B2:B34)”后按 <Enter> 键。在 D2 单元格中输入“=SUM(第六次普查数据 !B2:B34)”后按 <Enter> 键。在 D4 单元格中输入“=D3−C3”后按 <Enter> 键。对表中各列数据进行排序，统计结果填入相应位置。

参考答案如图 3-29 所示。

	A	B	C	D	E
1					
2		统计项目	2000年	2010年	
3		总人数(万人)	126,583	133,973	
4		总增长数(万人)	-	7,390	
5		人口最多的地区	河南省	广东省	
6		人口最少的地区	西藏自治区	西藏自治区	
7		人口增长最多的地区	-	广东省	
8		人口增长最少的地区	-	湖北省	
9		人口为负增长的地区数	-	6	

图 3-29　参考答案

（8）在“比较数据”工作表中，单击“插入”选项卡→“数据透视表”，弹出“创建数据透视表”对话框，设置“表 / 区域”为“比较数据 !$A$1:$G$34”，选择放置数据透视表的位置为“新工作表”，单击“确定”按钮。双击新工作表 Sheet1 的标签重命名为“透视分析”。在“数据透视字段列表”任务窗格中拖动“地区”到行标签，拖动“2010 年人口数（万人）”“2010 年比重”“人口增长数”到数值。单击行标签右侧的“标签筛选”按钮，在弹出的下拉列表中选择“值筛选”，打开级联菜单，选择“大于”，弹出“值筛选(地区)”对话框，在第一个文本框中选择“求和项：2010 年人口数（万人）”，第二个文本框选择“大于”，在第三个文本框中输入“5000”，单击“确定”按钮。选中 B4 单元格，单击“数据”选项卡→“排序和筛选”选项组→“降序”按钮按人口数从多到少排序。适当调整 B 列，使其格式为整数且使用千位分隔符。适当调整 C 列，使其格式为百分比且保留两位小数。效果如图 3-30 所示。

	A	B	C	D
1				
2				
3	地区	求和项:2010年人口数（万人）	求和项:2010年比重	求和项:人口增长数
4	广东省	10430	7.79%	1788
5	山东省	9579	7.15%	500
6	河南省	9402	7.02%	146
7	四川省	8042	6.00%	-287
8	江苏省	7866	5.87%	428
9	河北省	7185	5.36%	441
10	湖南省	6568	4.90%	128
11	安徽省	5950	4.44%	-36
12	湖北省	5724	4.27%	-304
13	浙江省	5443	4.06%	766
14	总计	76189	56.86%	3570

图 3-30　效果图

（9）单击“保存”按钮，保存该工作簿。

三、演示文稿题

具体操作步骤如下：

（1）打开“新员工入职培训 .pptx”演示文稿。选中第二张幻灯片，单击“开始”选项卡→“版式”按钮，在弹出的下拉列表中选择“标题和竖排文字”。采用同样的方式将第四张幻灯片设为“比较”。单击“设计”选项卡→“导入模板”按钮，打开“应用设计模板”对话框，选择考试文件夹下的“风景 .thmx”主题，设置主题。

（2）单击“视图”选项卡→“幻灯片母版”按钮，单击母版幻灯片中的任一处，单击“插入”选项卡→“艺术字”按钮，在弹出的下拉列表中选择第 1 行第 2 列“填充 – 钢蓝，着色 1，阴影”，然后输入“新世界数码”五个字。单击旋转按钮，旋转一定的角度。单击“幻灯片母版”选项卡→“关闭”按钮关闭母版视图。

（3）选中第五个幻灯片，单击“总经理”等文字，单击“开始”选项卡→“转智能图形”按钮，在列表中选择“组织结构图”。选中“总经理”文本框，单击“设计”选项卡→“添加项目”下拉箭头，在弹出的下拉列表中选择“添加助理”，输入文字“总经理助理”，删除下一级的“总经理助理”形状。效果如图 3-31 所示。

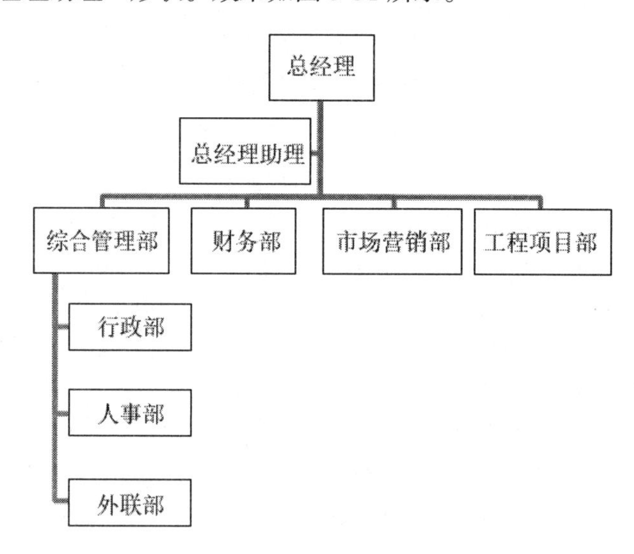

图 3-31　组织结构图效果

选中设置好的智能图形，单击“动画”选项卡→“飞入”命令，设置动画效果。

（4）选中第六张幻灯片左侧的文字“员工守则”，单击“插入”选项卡→“超链接”按钮，弹出“编辑超链接”对话框。选择“原有文件或网页”选项，在右侧的“查找范围”中查找到“员工守则 .docx”文件。单击“确定”按钮。选中第六张幻灯片中的某一内容区域，单击“动画”选项卡→“擦除”命令，设置动画效果。

（5）选择第一张幻灯片，单击“切换”选项卡→“淡出”命令，设置幻灯片切换方式。按照同样的方式为其设置切换效果。

（6）单击“保存”命令按钮，保存该演示文稿。

3.4 WPS Office 高级应用与设计上机操作题（4）

3.4.1 WPS Office 高级应用与设计上机操作题

一、字处理题

在素材文件夹下打开文档“WPS 文字 .docx”，按照要求完成下列操作并以该文件名“WPS 文字 .docx”保存文档。

（1）调整纸张大小为 B5，页边距的左边距为 2 厘米，右边距为 2 厘米，装订线 1 厘米，对称页边距。

（2）将文档中第一行“黑客技术”设置为 1 级标题，文档中黑体字的段落设置为 2 级标题，斜体字段落设置为 3 级标题。

（3）将正文部分内容设置为四号字，每个段落设置为 1.2 倍行距且首行缩进 2 字符。

（4）将正文第一段落的首字“很”下沉 2 行。

（5）在文档的开始位置插入只显示 2 级和 3 级标题的目录，并用分节方式令其独占一页。

（6）文档除目录页外均显示页码，正文开始为第 1 页，奇数页码显示在文档的底部靠右，偶数页码显示在文档的底部靠左。文档偶数页加入页眉，页眉中显示文档标题“黑客技术”，奇数页页眉没有内容。

（7）将文档最后 5 行转换为 2 列 5 行的表格，倒数第 6 行的内容“中英文对照”作为该表格的标题，将表格及标题居中。

（8）为文档应用一种合适的主题。

二、电子表格题

财务部助理小王需要向主管汇报 2013 年度公司差旅报销情况，现在请按照如下需求，在“WPS 表格 .xlsx”文档中完成工作：

（1）在“费用报销管理”工作表“日期”列的所有单元格中，标注每个报销日期属于星期几，例如日期为“2013 年 1 月 20 日”的单元格应显示为“2013 年 1 月 20 日星期日”，日期为“2013 年 1 月 21 日”的单元格应显示为“2013 年 1 月 21 日星期一”。

（2）如果“日期”列中的日期为星期六或星期日，则在“是否加班”列的单元格中显示“是”，否则显示“否”（必须使用公式）。

（3）使用公式统计每个活动地点所在的省份或直辖市，并将其填写在“地区”列所对应的单元格中，例如“北京市”“浙江省”。

（4）依据“费用类别编号”列内容，使用 VLOOKUP( ) 函数，生成“费用类别”列内容。对照关系参考“费用类别”工作表。

（5）在“差旅成本分析报告”工作表 B3 单元格中，统计 2013 年第二季度发生在北京市的差旅费用总金额。

（6）在“差旅成本分析报告”工作表 B4 单元格中，统计 2013 年员工钱顺卓报销的火车票费用总额。

（7）在“差旅成本分析报告”工作表 B5 单元格中，统计 2013 年差旅费用中，飞机票费用占所有报销费用的比例，并保留两位小数。

（8）在“差旅成本分析报告”工作表 B6 单元格中，统计 2013 年发生在周末（星期六和星期日）的通讯补助总金额。

三、演示文稿题

请根据提供的素材文件“WPS 演示素材 .docx”中的文字、图片设计制作演示文稿，并以文件名“WPS 演示 .pptx”存盘，具体要求如下：

（1）将素材文件中每个矩形框中的文字及图片设计为 1 张幻灯片，为演示文稿插入幻灯片编号，与矩形框前的序号一一对应。

（2）第 1 张幻灯片作为标题页，标题为“云计算简介”，有制作日期（格式：×××× 年 ×× 月 ×× 日，自动更新），并指明制作者为“考生 ×××”。

（3）幻灯片版式至少有 3 种，并为演示文稿选择考试文件夹下的“***”主题。

（4）为第 2 张幻灯片中的每项内容插入超级链接，单击时转到相应幻灯片。

（5）第 5 张幻灯片采用智能图形中的组织结构图来表示，最上级内容为“云计算的五个主要特征”，其下级依次为具体的五个特征。

（6）为每张幻灯片中的对象添加动画效果，并设置 3 种以上幻灯片切换效果。

（7）增大第 6、7、8 页中图片显示比例，达到较好的效果。

3.4.2 WPS Office 高级应用与设计上机操作题解析

一、字处理题

具体操作步骤如下：

（1）打开素材文件夹下的“WPS 文字 .docx”文档。

（2）根据题目要求，调整文档版面。单击“页面布局”选项卡→“纸张大小”按钮，在列表中选择“其他页面大小”，打开“页面设置”对话框，切换至“纸张”选项卡，单击“纸张大小”下拉列表中的“B5（JIS）”选项。切换至“页边距”选项卡，在“页边距”组中，将“左”和“右”微调框都设置为“2”，将“装订线”微调框设置为“1”；在“页码范围”组中，选择“多页”下拉列表中的“对称页边距”选项，如图 3-32 所示。设置完毕后单击“确定”按钮。

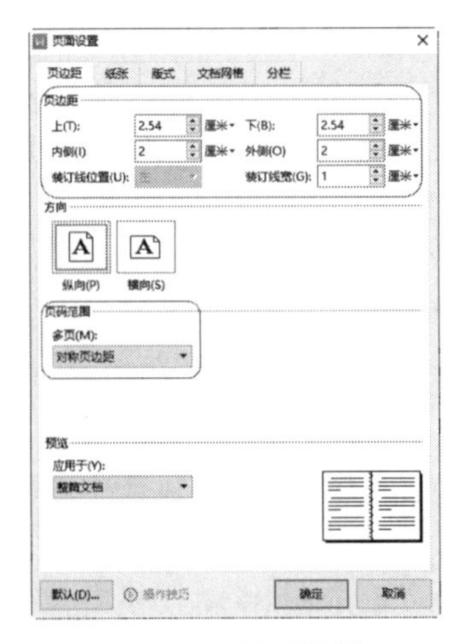

图 3-32　页面设置

（3）选中第一行“黑客技术”，单击“开始”选项卡→“标题 1”选项。按照同样的方法将文档中黑体字的段落设置为 2 级标题，斜体字段落设置为 3 级标题。

（4）在“开始”选项卡中，右击“正文”样式，在弹出的快捷菜单中选择“修改样式”，打开“修改样式”对话框，设置“字号”为“四号”。单击“格式”→“段落”命令，弹出“段落”对话框。在“缩进和间距”选项卡→“间距”组中，单击“行距”下拉列表，选择“多倍行距”，设置“设置值”微调框为“1.2”；在“缩进”组中，选择“特殊格式”下拉列表框中的“首行缩进”选项，并在右侧对应的“磅值”下拉列表框中选择“2”选项，单击“确定”按钮，再次单击“确定”按钮完成“正文”样式的修改。

（5）选中正文第一段的首字“很”，单击“插入”选项卡→“首字下沉”按钮，弹出“首字下沉”对话框，在“位置”组中选择“下沉”，设置“选项”组中的“下沉行数”微调框为“2”。设置完毕后单击“确定”按钮。

（6）将鼠标定位到文档开始位置。单击“插入”选项卡→“分页”下拉列表，选择“下一页分节符”选项，用分节方式分页。将光标定位到第一页第一行，单击“引用”选项卡→“目录”下拉列表的“自定义目录”选项，打开“目录”对话框。单击“选项”按钮，打开“目录选项”对话框，设置“标题 2”的“目录级别”为“1”，“标题 3”的“目录级别”为“2”。设置完毕后单击“确定”按钮。

（7）双击第一页页脚，将光标定位到目录页页脚，选择“页眉页脚”选项卡→“页脚”下拉列表中的“删除页脚”选项。将光标定位在正文页页脚，单击“页眉页脚”选项卡→“页码”下拉列表中的“页码”选项，打开“页码”对话框，选择“样式”下拉列表中的“1,2,3,…”选项，并设置“应用范围”为“本节及之后”。单击“页眉页脚”选项卡→“页眉页脚选项”按钮，在打开的“页眉 / 页脚设置”对话框中勾选“奇偶页不同”，将光标定位到偶数页页眉，输入文本“黑客技术”。

（8）选中文档最后 5 行内容，单击“插入”选项卡→“表格”下拉列表，选择“文本转换成表格”选项，打开“文本转换成表格”对话框。在对话框中，设置“表格尺寸”组中的“列数”为“2”，“文字分隔位置”组中选择“空格”，如图 3-33 所示。设置完毕后单击“确定”按钮。选中倒数第 6 行的内容“中英文对照”及表格，单击“开始”选项卡→“段落”选项组→“居中”按钮。

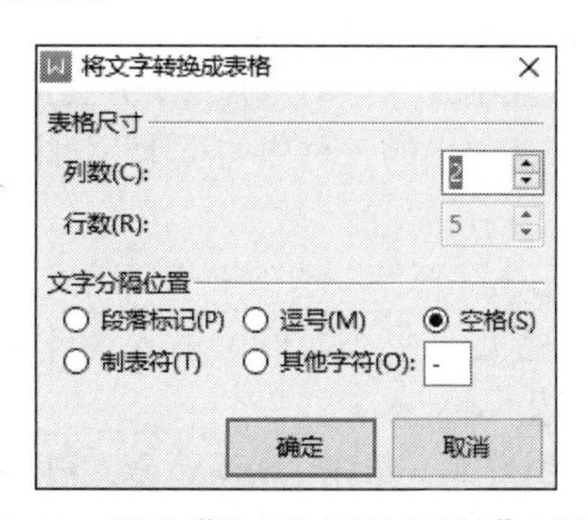

图 3-33 设置“将文字转换成表格”对话框

（9）单击“页面布局”选项卡→“主题”下拉列表，任选一种主题应用于文档。

（10）单击“保存”按钮保存该文档的修改。

二、电子表格题

具体操作步骤如下：

（1）打开“WPS 表格 .xlsx”工作簿。在“费用报销管理”工作表中，选中 A3:A401，右击，在弹出的快捷菜单中选择“设置单元格格式”命令，弹出“单元格格式”对话框。切换至“数字”选项卡，在“分类”列表框中选择“自定义”命令，在右侧的“示例”组中“类型”列表框中输入“yyyy"年"m"月"d"日"aaaa”，单击“确定”按钮。

（2）在“费用报销管理”工作表的 H3 单元格中输入“=IF(WEEKDAY(A3,2)>5," 是 "," 否 ")”，按 <Enter> 键。向下填充公式到最后一个日期。

（3）在“费用报销管理”工作表的 D3 单元格中输入“=LEFT(C3,3)”，按 <Enter> 键。向下填充公式到最后一个日期。

（4）在“费用报销管理”工作表的 F3 单元格中输入“=VLOOKUP(E3, 表 4,2,FALSE)”，按 <Enter> 键。向下填充公式到最后一个日期。

（5）在“差旅成本分析报告”工作表 B3 单元格中输入“=SUMIFS(费用报销管理 !G3:G401, 费用报销管理 !A3:A401,">=2013-4-1", 费用报销管理 !A3:A401,"<=2013-6-30", 费用报销管理 !D3:D401," 北京市 ")”，按 <Enter> 键。

（6）在“差旅成本分析报告”工作表 B4 单元格中输入“=SUMIFS(费用报销管理 !G3:G401, 费用报销管理 !B3:B401," 钱顺卓 ", 费用报销管理 !F3:F401," 火车票 ")”，按 <Enter> 键。

（7）在“差旅成本分析报告”工作表 B5 单元格中输入“=SUMIF(费用报销管理 !F3:F401," 飞机票 ", 费用报销管理 !G3:G401)/SUM(费用报销管理 !G3:G401)”，按 <Enter> 键，设置数字格式，保留两位小数。

（8）在“差旅成本分析报告”工作表 B6 单元格中输入“=SUMIFS(费用报销管理 !G3:G401, 费用报销管理 !H3:H401," 是 ", 费用报销管理 !F3:F401," 通讯补助 ")”，按 <Enter> 键。

（9）单击“保存”按钮，保存该工作簿。

三、演示文稿题

具体操作步骤如下：

（1）启动 WPS Office 应用程序，新建一个演示文稿，创建九张幻灯片。分别将素材文件中每个矩形框中的文字及图片复制到一个幻灯片中，并且顺序是一一对应的。单击“插入”选项卡→“幻灯片编号”按钮，在弹出的“页眉与页脚”对话框中，勾选“幻灯片编号”复选框，单击“全部应用”按钮。

（2）选中第一张幻灯片，单击“开始”选项卡→“版式”下拉按钮，在列表中选择“标题幻灯片”。将光标置于副标题处，在文本框中输入制作日期（日期格式：×××× 年 ×× 月 ×× 日）和制作者（考生 ×××）。

（3）选中第二、三、四张幻灯片，单击“开始”选项卡→“版式”→“节标题”按钮。选中第五张幻灯片，单击“开始”选项卡→“版式”→“标题和内容”按钮。选中第六、七、八、九张幻灯片，单击“开始”选项卡→“版式”→“空白”按钮。

单击“设计”选项卡→“导入模板”按钮，打开“应用设计模板”对话框，选择考试文件夹下的“风景 .thmx”主题，设置主题。

（4）选中第二张幻灯片的“一、云计算的概念”，单击“插入”选项卡→“超链接”命令按钮，在打开的“插入超链接”对话框中，在“链接到”中选择“本文档中的位置”命令后选择“3. 一、与计算的概念”，单击“确定”按钮。用同样的方法设置其他 2 个链接。

（5）选中第五张幻灯片，单击“插入”选项卡→“智能图形”按钮，在弹出的“智能图形”对话框中选择“层次结构”选项中的“组织结构图”，单击“确定”按钮。选中智能图形中左侧的文本框，单击“设计”选项卡→“添加项目”下拉箭头，在弹出的下拉列表中选择“在后面添加项目”。用同样的方法再添加一个。删除助理文本框。分别将第五张幻灯片中的内容按要求剪切到对应的智能图形文本框中，效果如图 3-34 所示。

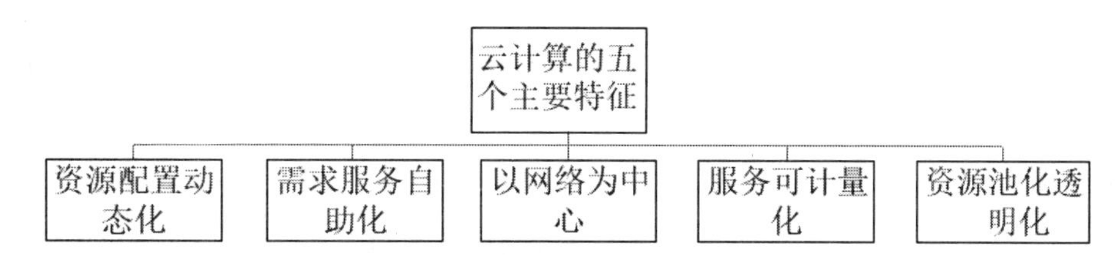

图 3-34 智能图形效果图

（6）选中第二张幻灯片的“一、云计算的概念”，单击“动画”选项卡→“百叶窗”按钮。选中第二张幻灯片的“二、云计算的特征”，单击“动画”选项卡→“动画”选项组→“飞入”按钮。选中第二张幻灯片的“三、云计算的服务形式”，单击“动画”选项卡→“动画”选项组→“擦除”按钮。用同样的方法设置其他幻灯片中的动画效果。

选中第二张幻灯片，单击“切换”选项卡→“切出”按钮。选中第三张幻灯片，单击“切换”选项卡→“淡出”按钮。选中第四张幻灯片，单击“切换”选项卡→“擦除”按钮。

（7）选中第六张幻灯片中的图片，调整图片的大小。用同样的方法调整第七张和第八张幻灯片中的图片大小。

（6）单击“保存”命令按钮，以文件名“WPS 演示 .pptx”保存该演示文稿。

3.5 WPS Office 高级应用与设计上机操作题（5）

3.5.1 WPS Office 高级应用与设计上机操作题

一、字处理题

在考生文件夹下打开文档“WPS 文字 .docx”，按照要求完成下列操作并以该文件名（WPS 文字 .docx）保存文档。

为召开云计算技术交流大会，小王需制作一批邀请函，要邀请的人员名单见“参会人员名单 .xlsx”，邀请函的样式参见“邀请函参考样式 .docx”，大会定于 2013 年 10 月 19 日至 20 日在武汉举行。

请根据上述活动的描述，利用 WPS Office 制作一批邀请函，要求如下：

（1）修改标题“邀请函”文字的字体、字号，并设置为加粗，字的颜色为红色、居中。

（2）设置正文各段落为 1.25 倍行距，段后间距为 0.5 倍行距。设置正文首行缩进 2 字符。

（3）落款和日期位置为右对齐右侧缩进 3 字符。

（4）将文档中“××× 大会”替换为“云计算技术交流大会”。

（5）设置页面高度 27 厘米，页面宽度 27 厘米，页边距（上、下）为 3 厘米，页边距（左、右）为 3 厘米。

（6）设置页面边框为红色方框。

（7）在正文第 2 段的第一句话“……进行深入而广泛的交流”后插入脚注“参见 http://www.cloudcomputing.cn 网站”。

（8）将电子表格“参会人员名单 .xlsx”中的姓名信息自动填写到“邀请函”中“尊敬的”三字后面。

（9）将设计的主文档以文件名“WPS 文字 .docx”保存，并生成最终文档以文件名“邀请函 .docx”保存。

二、电子表格题

文涵是大地公司的销售部助理，负责对全公司的销售情况进行统计分析，并将结果提交给销售部经理。年底，她根据各门店提交的销售报表进行统计分析。

打开“计算机设备全年销量统计表 .xlsx”，帮助文涵完成以下操作：

（1）将“Sheet1”工作表命名为“销售情况”，将“Sheet2”命名为“平均单价”。

（2）在“店铺”列左侧插入一个空列，输入列标题为“序号”，并以 001、002、003……的方式向下填充该列到最后一个数据行。

（3）将工作表标题跨列合并后居中并适当调整其字体、加大字号，并改变字体颜色。适当加大数据表行高和列宽，设置对齐方式及销售额数据列的数值格式（保留两位小数），并为数据区域增加边框线。

（4）将工作表“平均单价”中的区域 B3:C7 定义名称为“商品均价”。运用公式计算工作表“销售情况”中 F 列的销售额，要求在公式中通过 VLOOKUP( ) 函数自动在工作表“平均单价”中查找相关商品的单价，并在公式中引用所定义的名称“商品均价”。

（5）为工作表“销售情况”中的销售数据创建一个数据透视表，放置在一个名为“数据透视分析”的新工作表中，要求针对各类商品比较各门店每个季度的销售额。其中，商品名称为报表筛选字段，店铺为行标签，季度为列标签，并对销售额求和。最后对数据透视表进行格式设置，使其更加美观。

（6）根据生成的数据透视表，在透视表下方创建一个簇状柱形图，图表中仅对各门店四个季度笔记本的销售额进行比较。

（7）保存“计算机设备全年销量统计表 .xlsx”文件。

三、演示文稿题

为了更好地控制教材编写的内容、质量和流程，小李负责起草了图书策划方案。他将图书策划方案 WPS 文字文档中的内容制作成了可以向教材编委会进行展示的 WPS 演示文稿。

现在，请你根据已制作好的演示文稿“图书策划方案 .pptx”，完成下列要求：

（1）为演示文稿应用一个美观的主题样式。

（2）将演示文稿中的第一张幻灯片，调整为“仅标题”版式，并调整标题到适当的位置。

（3）在标题为“2012 年同类图书销量统计”的幻灯片页中，插入一个 6 行 6 列的表格，列标题分别为“图书名称”“出版社”“出版日期”“作者”“定价”“销量”。

（4）为演示文稿设置不少于三种幻灯片切换方式。

（5）在该演示文稿中创建一个演示方案，该演示方案包含第一、三、四、六张幻灯片，并将该演示方案命名为“放映方案 1”。

（6）演示文稿播放的全程需要有背景音乐。

（7）保存制作完成的演示文稿，并将其命名为“WPS 演示 .pptx”。

3.5.2 WPS Office 高级应用与设计上机操作题解析

一、字处理题

具体操作步骤如下：

（1）选中“邀请函”文字，单击“开始”选项卡→“字号”下拉按钮，在弹出的下拉列表中选择适合的字号。按照同样的方式在“字体”下拉列表中设置合适的字体，单击“加粗”按钮设置字形为加粗，在“字体颜色”下拉列表中选择“红色”，在“文字效果”下拉列表中选择一种“阴影”方式，单击“居中”按钮即可完成设置。

（2）选中正文，右击，在弹出的快捷菜单中选择“段落”命令，弹出“段落”对话框。在“缩进和间距”选项卡下的“间距”选项中，单击“行距”下拉列表，选择“多倍”，在“设置值”微调框中输入“1.25”，在“段后”微调框中设为“0.5”。在“缩进”组中的“特殊格式”右侧的下拉列表框中选择“首行缩进”，在对应的“度量值”微调框中选择“2”。单击“确定”按钮。

（3）选中落款和日期内容，右击，在弹出的快捷菜单中选择“段落”命令，弹出“段落”对话框。在“常规”组的“对齐方式”下拉列表框中选择“右对齐”，在“缩进”组中的“文本之后”微调框中选择“3”，单击“确定”按钮完成设置。

（4）单击“开始”选项卡→“查找替换”按钮，弹出“查找和替换”对话框。在“查找内容”文本框中输入“× × × 大会”，“替换为”文本框中输入“云计算技术交流大会”，单击“全部替换”按钮后再单击“关闭”按钮。

（5）单击“页面布局”选项卡→“纸张大小”下拉箭头，在列表中选择“其他页面大小”选项，打开“页面设置”对话框，在“纸张”选项卡下设置高度和宽度都为“27”。切换至“页边距”选项卡，设置“页边距”选项中的“上”“下”微调框都为“3”，设置“左”“右”也都为“3”，设置完毕后单击“确定”按钮。

（6）单击“页面布局”选项卡→“页面边框”按钮，弹出“边框和底纹”对话框。在“设置”组中选择“方框”，在“颜色”下拉列表框中选择“红色”。单击“确定”按钮。

（7）将光标置于“……进行深入而广泛的交流”之后，单击“引用”选项卡→“插入脚注”按钮，即可在光标处显示脚注样式。然后在光标闪烁的位置输入“参见 http://www.cloudcomputing.cn 网站”。

（8）将鼠标光标置于文中“尊敬的”之后，单击“引用”选项卡→“邮件”选项卡按钮，单击“打开数据源”按钮，弹出“选择数据源”对话框，然后选择素材文件夹下的“通讯录.xlsx”文件，单击“打开”按钮，打开“选择表格”对话框，在列表中选择“Sheet1$”，单击“确定”按钮。单击“收件人”按钮，打开“邮件合并收件人”对话框，单击“确定”按钮完成现有工作表的链接工作。将光标放在“尊敬的：”后面，单击“插入合并域”按钮，打开“插入域”对话框，在“域”列表框中，按照题意选择“姓名”域。单击“插入”按钮，插入完所需的域后，单击“关闭”按钮，关闭“插入合并域”对话框。在“姓名”域后输入如图 3-35 所示的文字，完成条件域的输入。单击“合并到新文档”按钮，打开“合并到新文档”对话框，在“合并记录”选项区域中，选中“全部”单选按钮，设置完成后单击“确定”按钮，即可在文中看到，每页邀请函中只包含一位参会人员姓名，单击“文件”选项卡→“另存为”命令，打开“另存为”对话框，将文件保存到指定位置，并且命名为“邀请函.docx”。条件域如图 3–35 所示。

尊敬的·：«姓名»{·IF·«性别»·=·"男"·"先生"·"女士"·}↵

图 3-35　条件域

注意：图中的花括号要用 <Ctrl+F9> 组合键输入。

（9）切换至主文档，单击“保存”按钮，保存文档的修改。

二、电子表格题

具体操作步骤如下：

（1）打开“计算机设备全年销量统计表.xlsx”工作簿，双击“Sheet1”工作表名，待“Sheet1”呈选中状态后输入“销售情况”即可，按照同样的方式将“Sheet2”命名为“平均单价”。

（2）选中“店铺”所在的列，右击，在弹出的快捷菜单中选择“插入”子菜单中“插入列”选项。工作表中随即出现新插入的一列。双击 A3 单元格，输入“序号”二字。在 A4 单元格中输入“'001”，双击 A4 右下角的填充柄处完成填充。

（3）选中 A1:F1 单元格，单击“开始”选项卡→“合并居中”命令按钮。在“开始”选项卡中，设置字体为“黑体”，字号为 14，字体颜色为“深蓝，文字 2，深色 50%”。选中 A1:F83 单元格，单击“开始”选项卡→“行和列”下拉箭头，在列表中选择“行高”命令，在打开的“行高”对话框中设置行高为 20，单击“确定”按钮。用同样的方式设置“列宽”为 12。选中数据区域，右击，在弹出的快捷菜单中选择“设置单元格格式”命令，弹出“单元格格式”对话框。切换至“边框”选项卡，在“预置”组中选择“外边框”和“内部”按钮选项，在“线条”组的“样式”下选择一种线条样式，单击“确定”按钮。选中“销售额”数据列，右击，在弹出的快捷菜单中选择“设置单元格格式”命令，弹出“单元格格式”对话框。切换至“数字”选项卡，在“分类”列表框中选择“数值”选项，在右侧的“示例”组中“小数位数”微调框输入 2，单击“确定”按钮。

（4）在“平均单价”工作表中选中 B3:C7 区域，右击，在弹出的快捷菜单中选择“定义名称”命令，打开“新建名称”对话框。在“名称”中输入“商品均价”后单击“确定”按钮。在 F4 单元格中输入“=VLOOKUP(D4, 商品均价,2,false)*E4”，按 <Enter> 键。双击 F4 右下角的填充柄，完成销售额的填充。

（5）选中数据区域，单击“插入”选项卡→“数据透视表”按钮，打开“创建数据透视表”

对话框，单击“确定”按钮。双击“Sheet1”，重命名为“数据透视分析”。用鼠标拖动“商品名称”放置到“筛选器”，拖动“店铺”到“行”中，拖动“季度”到“列”中，拖动“销售额”至“值”中。单击“开始”选项卡→“表格样式”按钮，选择“中色系”选项下的“数据透视表样式中等深浅 2”样式。

（6）单击数据透视表区域中的任意单元格，单击“分析”选项卡→“数据透视图”按钮，打开“图表”对话框。双击“柱形图”右侧的“簇状柱形图”。在“数据透视图”中单击“商品名称”右侧下拉列表，只选择“笔记本”，单击“确定”按钮。

（7）单击“保存”按钮，保存该工作簿。

三、演示文稿题

具体操作步骤如下：

（1）打开“图书策划方案 .pptx”演示文稿。单击“设计”选项卡→“导入模板”按钮，打开“应用设计模板”对话框，选择考试文件夹下的“风景 .thmx”主题，设置主题。

（2）选中第一张幻灯片，单击“开始”选项卡→“版式”下拉按钮，在弹出的下拉列表中选择“仅标题”选项。拖动标题到恰当位置。

（3）选中第七张幻灯片，单击“单击此处添加文本”占位符中的“插入表格”按钮，弹出“插入表格”对话框。在“列数”微调框中输入“6”，在“行数”微调框中输入“6”，然后单击“确定”按钮。在表格第一行中分别依次输入列标题“图书名称”“出版社”“出版日期”“作者”“定价”“销量”。

（4）选中第二张幻灯片文本，单击“切换”选项组→“百叶窗”选项。用同样的方法设置第四张幻灯片切换效果为“溶解”。第六张幻灯片切换效果为“新闻快报”。

（5）单击“放映”选项卡→“自定义幻灯片放映”按钮，弹出“自定义放映”对话框。单击“新建”按钮，弹出“定义自定义放映”对话框。在“幻灯片放映名称”文本框中输入“放映方案 1”，在“在演示文稿中的幻灯片”列表框中选择幻灯片 1、幻灯片 2、幻灯片 4、幻灯片 7 添加到右侧的列表框中。单击“确定”按钮后返回到“自定义放映”对话框。单击“关闭”按钮。

（6）选中第一张主题幻灯片，单击“插入”选项卡→“音频”按钮，在列表中选择“嵌入音频”。在弹出的“插入音频”对话框中选择考试文件夹下的“月光”音频文件，单击“打开”按钮。选中音频的小喇叭图标，在“音频工具”选项卡中选中“跨幻灯片播放：至”。

（7）单击“文件”选项卡→“另存为”命令，在弹出的“另存为”对话框中，在“文件名”文本框中输入“WPS 演示 .pptx”，单击“保存”按钮。

3.6 WPS Office 高级应用与设计上机操作题（6）

3.6.1 WPS Office 高级应用与设计上机操作题

一、字处理题

某出版社的编辑小刘手中有一篇有关财务软件应用的书稿“会计电算化节节高升 .docx”，

打开该文档，按下列要求帮助小刘对书稿进行排版操作并按原文件名进行保存：

（1）按下列要求进行页面设置：纸张大小 16 开，对称页边距，上边距 2.5 厘米、下边距 2 厘米，内侧边距 2.5 厘米、外侧边距 2 厘米，装订线 1 厘米，页脚距边界 1.0 厘米。

（2）书稿中包含三个级别的标题，分别用“（一级标题）”“（二级标题）”“（三级标题）”字样标出。按表 3-1 所示要求对书稿应用样式、多级列表、并对样式格式进行相应修改。

表 3-1　标题要求

内　容	样　式	格　式	多级列表
所有用“（一级标题）”标识的段落	标题 1	小二号字、黑体、不加粗、段前 1.5 行、段后 1 行，行距最小值 12 磅，居中	第 1 章、第 2 章……第 n 章
所有用“（二级标题）”标识的段落	标题 2	小三号字、黑体、不加粗、段前 1 行、段后 6 磅，行距最小值 12 磅	1–1，1–2，2–1，2–2，…，n–1，n–2
所有用“（三级标题）”标识的段落	标题 3	小四号字、宋体、加粗、段前 12 磅、段后 6 磅，行距最小值 12 磅	1–1–1，1–1–2，…，n–m–1，n–m–2 且与二级标题缩进位置相同
除上述三个级别标题外的所有正文（不含图表及题注）	正文	首行缩进 2 字符、1.25 倍行距、段后 6 磅、两端对齐	

（3）样式应用结束后，将书稿中各级标题文字后面括号中的提示文字及括号“（一级标题）”“（一级标题）”“（三级标题）”全部删除。

（4）书稿中有若干表格及图片，分别在表格上方和图片下方的说明文字左侧添加形如“表 1-1”“表 2-1”“图 4-1”“图 2-1”的题注，其中连字符“–”前面的数字代表章号、“–”后面的数字代表图表的序号，各章节图和表分别连续编号。添加完毕，将样式“题注”的格式修改为仿宋、小五号字、居中。

（5）在书稿中用红色标出的文字的适当位置，为前两个表格和前三个图片设置自动引用其题注号。为第二张表格“表 2-1 好朋友财务软件版本及功能简表”套用一个合适的表格样式、保证表格第一行在跨页时能够自动重复且表格上方的题注与表格总在一页上。

（6）在书稿的最前面插入目录，要求包含标题第 1–3 级及对应页。目录、书稿的每一章均为独立的一节，每一节的页码均以奇数页为起始页码。

（7）目录与书稿的页码分别独立编排，目录页码使用大写罗马数字（I，II，III…），书稿页码使用阿拉伯数字（1，2，3…）且各章节间连续编码。除目录首页和每章首页不显示页码外，其余页面要求奇数页页码显示在页脚右侧，偶数页页码显示在页脚左侧。

（8）将素材文件夹下的图片“Tulips.jpg”设置为本文稿的水印，水印处于书稿页面的中间位置、图片增加“冲蚀”效果。

二、电子表格题

销售部助理小王需要针对 2012 年和 2013 年的公司产品销售情况进行统计分析，以便制订新的销售计划和工作任务。现在，请按照如下需求完成工作：

（1）打开“WPS 表格 .xlsx”文件，将其另存为“WPS 表格 .xlsx”，之后所有的操作均在“WPS 表格 .xlsx”文件中进行。

（2）在“订单明细”工作表中，删除订单编号重复的记录（保留第一次出现的那条记录），但须保持原订单明细的记录顺序。

（3）在“订单明细”工作表的“单价”列中，利用 VLOOKUP( ) 函数计算并填写相对应图书的单价金额。图书名称与图书单价的对应关系可参考工作表“图书定价”。

（4）如果每订单的图书销量超过 40 本（含 40 本），则按照图书单价的 9.3 折进行销售；否则按照图书单价的原价进行销售。按照此规则，计算并填写“订单明细”工作表中每笔订单的“销售额小计”，保留两位小数。要求该工作表中的金额以显示精度参与后续的统计计算。

（5）根据“订单明细”工作表的“发货地址”列信息，并参考“城市对照”工作表中省市与销售区域的对应关系，计算并填写“订单明细”工作表中每笔订单的“所属区域”。

（6）根据“订单明细”工作表中的销售记录，分别创建名为“北区”、“南区”、“西区”和“东区”的工作表，这个工作表中分别统计本销售区域各类图书的累计销售金额，统计格式请参考“WPS 表格素材 .xlsx”文件中的“统计样例”工作表。将这 4 个工作表中的金额设置为带千分位的、保留两位小数的数值格式。

（7）在“统计报告”工作表中，分别根据“统计项目”列的描述，计算并填写所对应的“统计数据”单元格中的信息。

三、演示文稿题

打开演示文稿“WPS 演示文稿 .pptx”，根据文件“WPS 演示素材 .docx”，按照下列要求完善此文稿并保存。

（1）使文稿包含七张幻灯片，设计第一张为“标题幻灯片”版式，第二张为“仅标题”版式，第三张到第六张为“两栏内容”版式，第七张为“空白”版式；所有幻灯片统一设置背景样式，要求有预设颜色。

（2）第一张幻灯片标题为“计算机发展简史”，副标题为“计算机发展的四个阶段”；第二张幻灯片标题为“计算机发展的四个阶段”；在标题下面空白处插入智能图形，要求含有四个文本框，在每个文本框中依次输入“第一代计算机”……“第四代计算机”，更改图形颜色，适当调整字体字号。

（3）第三张至第六张幻灯片，标题内容分别为素材中各段的标题；左侧内容为各段的文字介绍，加项目符号，右侧为素材文件夹下存放相对应的图片，第六张幻灯片需插入两张图片（“第四代计算机 -1.JPG”在上，“第四代计算机 -2.JPG”在下）；在第七张幻灯片中插入艺术字，内容为“谢谢 !”。

（4）为第一张幻灯片的副标题、第三张到第六张幻灯片的图片设置动画效果，第二张幻灯片的四个文本框超链接到相应内容幻灯片，为所有幻灯片设置切换效果。

3.6.2 WPS Office 高级应用与设计上机操作题解析

一、字处理题

具体操作步骤如下：

（1）打开素材文件夹下的“会计电算化节节高升 .docx”文档。

（2）单击“页面布局”选项卡→“纸张大小”下拉箭头，在列表中选择“其他页面大小”，打开“页面设置”对话框，切换至“纸张”选项卡，单击“纸张大小”下拉列表中的

“16K (184*260 毫米)”选项。切换至“页边距”选项卡，在“页码范围”组中，选择“多页”下拉列表中的“对称页边距”选项，在“页边距”组中，将“上”“下”“内侧”“外侧”微调框分别设置为“2.5”“2”“2.5”“2”；将“装订线”微调框设置为“1”。切换至“版式”选项卡，在“距边界”组中，将“页脚”微调框设置为“1”，设置完毕后单击“确定”按钮。页边距及版式设置如图 3-36 所示。

图 3-36　页边距及版式设置

（3）先修改样式，然后再应用样式。在“开始”选项卡中，右击“标题 1”样式，然后在弹出的快捷菜单中选择“修改”命令，打开“修改样式”对话框，按题目要求修改样式。其中字体、段落和编号设置如图 3-37 所示。

图 3-37　标题 1 字体、段落和编号设置

用同样的方法设置标题 2、标题 3 和正文样式。其中标题 2 的字体、段落和编号设置如图 3-38 所示，标题 3 的字体、段落和编号设置如图 3-39 所示。

图 3-38 标题 2 字体、段落和编号设置

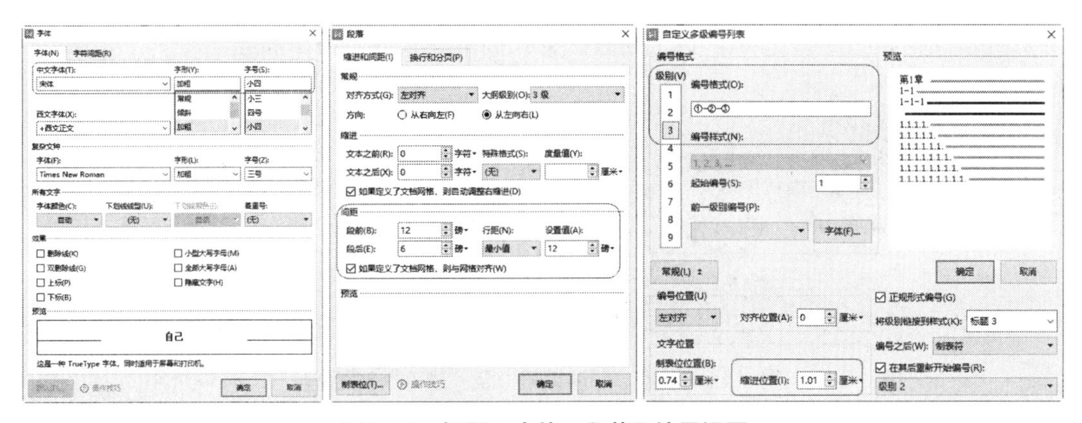

图 3-39 标题 3 字体、段落和编号设置

应用标题 1 样式：单击“开始”选项卡→“查找替换”按钮，打开“查找和替换”对话框，在“查找内容”文本框中输入“(一级标题)>”，单击“高级搜索”按钮，勾选“使用通配符”复选框；将光标放置在“替换为”文本框中，单击“特殊格式”按钮，在列表中选择“查找内容”；再单击“格式”按钮，在列表中选择“样式”，在“替换样式”对话框中选择“标题 1”。效果如图 3-40 所示。单击“全部替换”按钮完成标题 1 的应用。用同样的方法应用标题 2 和标题 3 样式。

图 3-40 设置“查找和替换”对话框 1

（4）单击“开始”选项卡→“查找替换”按钮，打开“查找和替换”对话框，在“查找内容”文本框中输入“（一级标题）”，在“替换为”文本框中不输入任何内容或设置任何格式。单击“全部替换”按钮。按照上述方法，删除“（二级标题）”“（三级标题）”字样。

（5）找到文档中的第一个表格，剪切表格上方的说明文字。选中整张表格，在其上右击，在弹出的快捷菜单中选择“题注”选项，打开“题注”对话框。单击“编号”按钮，打开的“编号”对话框，选择“格式”下拉列表中的“1,2,3,…”选项，勾选“包含章节编号”复选框，选择“章节起始样式”下拉列表中的“标题 1”选项，选择“使用分隔符”下拉列表中的“–（连字符）”选项，设置完毕后单击“确定”按钮，回到“题注”对话框。在“选项”组“标签”下拉列表中选择“表”，“位置”下拉列表中选择“所选项目上方”，在“题注”文本框内容“表 1”之后粘贴之前剪切的表格说明文字，设置完毕后单击“确定”按钮。题注及编号对话框设置如图 3-41 所示。按上述方法为文档中的其他表格添加题注。

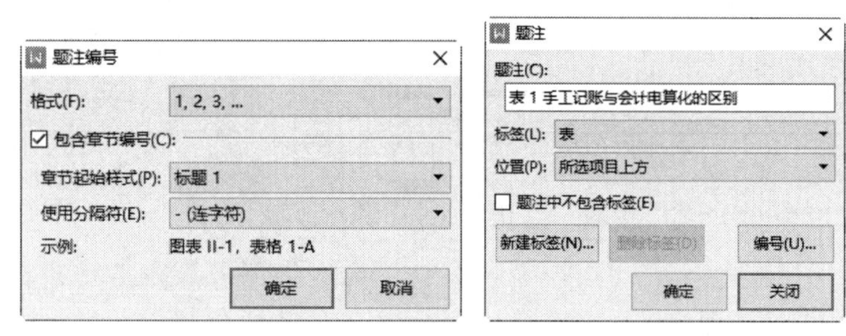

图 3-41　设置“题注编号”及“题注”对话框

找到文档中的第一张图片，剪切图片下方的说明文字。选中图片，在其上右击，在弹出的快捷菜单中选择“题注”命令，打开“题注”对话框。单击“编号”按钮，打开“编号”对话框，设置方法与添加表格的题注相同。设置完成后回到“题注”对话框。在“选项”组“标签”下拉列表中选择“图”，“位置”下拉列表中选择“所选项目下方”，在“题注”文本框内容“图 1”之后粘贴之前剪切的图片说明文字，设置完毕后单击“确定”按钮。按上述方法为文档中的其他图片添加题注。

在“开始”选项卡中，在“题注”样式上右击，在弹出的快捷菜单中选择“修改”命令，打开“修改样式”对话框。选择“格式”组“字体”下拉列表中的“仿宋”选项，选择“字号”下拉列表中的“小五”选项，然后单击“居中”按钮，如图 3-42 所示。设置完毕后单击“确定”按钮。

（6）将光标定位到第一处红色文字标出的位置，单击“引用”选项卡→“交叉引用”按钮，打开“交叉引用”对话框。选择“引用类型”下拉列表中的“表”选项，引用内容选择“只有标签和编号”。选择“引用哪一个题注”列表框中的第一项“表 1–1 手工记账与会计电算化的区别”，如图 3-43 所示。设置完毕后单击“插入”按钮。按上述方法为文中其他红色文字标记处交叉引用题注号。选择表 1-2，在“表格样式”选项卡中为表格套用一个样式。鼠标定位在表格中，单击上下文“表格工具”选项卡→“标题行重复”按钮。

图 3-42　设置“修改样式”对话框

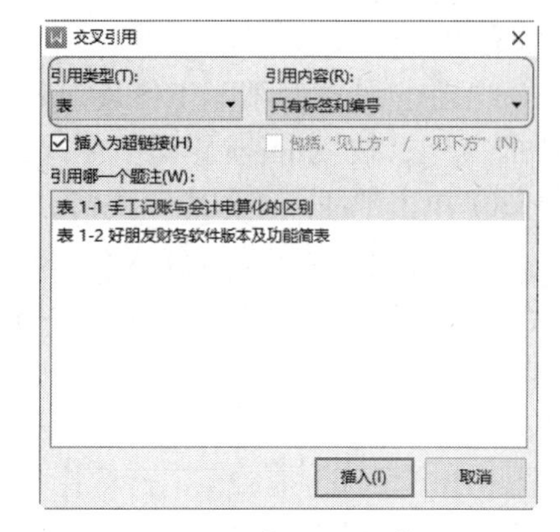

图 3-43　设置“交叉引用”对话框

（7）将光标定位到第一页第一个字符前，单击“插入”选项卡→“分页”下拉按钮，选择“奇数页分节符”命令。按照上述方法，将书稿的每一章在奇数页分节，并设置为独立一节。将光标定位到第一页，单击“引用”选项卡→“目录”选项组中“目录”下拉列表的“自定义目录”选项，打开“目录”对话框，单击“确定”按钮，即自动生成目录。选择“插入”选项卡→“页码”下拉列表中的“页脚外侧”选项。

（8）将光标定位到目录页页脚，选择“页眉页脚”选项卡→“页码”下拉列表中的“页码”选项，打开“页码”对话框，选择“样式”下拉列表中的“Ⅰ, Ⅱ, Ⅲ,…”选项，“位置”选择“底端外侧”，应用范围选择“本节”，单击“确定”按钮。选中目录页的第一页页码，单击“删除页码”下拉箭头，选择“删除本页”；选中目录页的第二页页码，单击“重新编号”下拉箭头，设置页码编号为 2。用同样的方法设置正文页页码显示为“阿拉伯数字（1，2，3，…）”样式，每章首页不显示，下一页继续显示页码。

（9）单击“插入”选项卡→“水印”下拉列表，在列表中选择“插入水印”，打开“水印”对话框。勾选“图片水印”选项，单击“选择图片”按钮，打开“插入图片”对话框，选择素材文件夹下的“Tulips.jpg”文件。设置完成后单击“打开”按钮，返回“水印”对话框。选择“缩放”下拉列表的“自动”选项，勾选“冲蚀”选项，单击“确定”按钮完成水印的设置。

（10）单击“保存”按钮，保存该文档。

二、电子表格题

具体操作步骤如下：

（1）打开“WPS 表格素材 .xlsx”工作簿，将其另存为“WPS 表格 .xlsx”。

（2）在“订单明细”工作表中，按 <Ctrl+A> 组合键选择所有数据，单击“数据”选项卡→“重复项”右侧的下拉按钮，在列表中选择“删除重复项”，在弹出对话框中单击“全选”，单击“确定”按钮。

（3）在“订单明细”工作表 E3 单元格中输入“=VLOOKUP([@ 图书名称], 表 2,2,false)”，按 <Enter> 键计算结果，并拖动填充柄向下自动填充单元格。

（4）在“订单明细”工作表 I3 单元格中输入“=IF([@ 销量（本）]>=40,[@ 单价]*[@ 销量（本）]*0.93,[@ 单价]*[@ 销量（本）])”，按 <Enter> 键计算结果，并拖动填充柄向下自动填充单元格。

（5）在“订单明细”工作表 H3 单元格中输入“=VLOOKUP(LEFT([@ 发货地址],3), 表 3,2,FALSE)”，按 <Enter> 键计算结果，并拖动填充柄向下自动填充单元格。

（6）单击“插入工作表”按钮，分别创建四个新的工作表。移动工作表到“统计样例”工作表前，分别重命名为“北区”“南区”“西区”和“东区”。

在“北区”工作表中，切换至“插入”选项卡，单击“表格”选项组→“数据透视表”下拉按钮，在弹出的“创建数据透视表”对话框中，勾选“选择一个表或区域”单选按钮，在“表 / 区域”中输入“表 1”，位置为“现有工作表”，单击“确定”按钮。

将“图书名称”拖动至“行标签”，将“销售额小计”拖动至“数值”。将“所属区域”拖动至“报表筛选”，取消勾选“北区”外其他三个区，单击“确定”按钮。

选中数据区域 B 列，单击“开始”选项卡→“数字”选项组的对话框启动器按钮，在弹出的“单元格格式”对话框中选择“分类”选项组→“数值”，勾选“使用千分位分隔符”，“小数位数”设置为 2，单击“确定”按钮。

按以上方法分别完成“南区”、“西区”和“东区”工作表的设置。

（7）在“统计报告”工作表 B3 单元格中输入“=SUMIFS(表 1[销售额小计], 表 1[日期],">=2013-1-1", 表 1[日期],"<=2013-12-31")”，按 <Enter> 键，撤销计算列。

在 B4 单元格中输入“=SUMIFS(表 1[销售额小计], 表 1[图书名称],"《WPS Office 高级应用与设计》", 表 1[日期],">=2012-1-1", 表 1[日期],"<=2012-12-31")”，按 <Enter> 键。

在 B5 单元格中输入“=SUMIFS(表 1[销售额小计], 表 1[书店名称]," 隆华书店 ", 表 1[日期],">=2013-7-1", 表 1[日期],"<=2013-9-30")”，按 <Enter> 键。

在 B6 单元格中输入“=SUMIFS(表 1[销售额小计], 表 1[书店名称]," 隆华书店 ", 表 1[日期],">=2012-1-1", 表 1[日期],"<=2012-12-31")/12”，按 <Enter> 键。

在 B7 单元格中输入“=SUMIFS(表 1[销售额小计], 表 1[书店名称]," 隆华书店 ", 表 1[日期],">=2013-1-1", 表 1[日期],"<=2013-12-31")/SUMIFS(表 1[销售额小计], 表 1[日期],">=2013-1-1", 表 1[日期],"<=2013-12-31")”，按 <Enter> 键。设置数字格式为百分比，保留两位小数。

（8）单击“保存”按钮，保存该工作簿。

三、演示文稿题

具体操作步骤如下：

（1）打开“WPS 演示 .pptx”演示文稿。选中第一张幻灯片，单击“开始”选项卡→“版式”按钮，在弹出的下拉列表中选择“标题幻灯片”。单击“开始”选项卡→“新建幻灯片”按钮，设置版式为“仅标题”。按同样方法新建第三到第六张幻灯片为“两栏内容”版式，第七张为“空白”版式。单击“设计”选项卡→“背景”按钮，在弹出的“对象属性”任务窗格中，选中“图片或纹理填充”，单击“纹理填充”右侧的下拉箭头，在弹出的下拉列表中选择“纸纹 1”，单击“全部应用”按钮。

（2）选中第一张幻灯片，单击“单击此处添加标题”标题占位符，输入文本“计算机发展简史”。单击“单击此处添加副标题”标题占位符，输入文本“计算机发展的四个阶段”。

选中第二张幻灯片，单击“单击此处添加标题”标题占位符，输入“计算机发展的四个阶段”字样。选中第二张幻灯片，单击“插入”选项卡→“智能图形”按钮，弹出“智能图形”对话框，选择“流程”中的“基本流程”，单击“确定”按钮。选中第三个文本框，单击“设计”选项卡→“添加项目”下拉按钮，从弹出的下拉列表中选择“在后面添加项目”。在上述四个文本框中依次输入“第一代计算机”……“第四代计算机”。选中智能图形，单击“设计”选项卡→“更改颜色”下拉按钮，弹出下拉列表，选择“彩色”下的一种颜色。选中智能图形，在“开始”选项卡中设置中文字体为“黑体”，大小为 20。

（3）选中第三张幻灯片，单击“单击此处添加标题”标题占位符，输入文本“第一代计算机：电子管数字计算机（1946—1958 年）”。将素材中第一段的文字内容复制粘贴到该幻灯片的左侧内容区，选中左侧内容区文字，单击“开始”选项卡→“项目符号”下拉按钮，在弹出的下拉列表中选择“带填充效果的大方形项目符号”。在右侧的文本区域单击“插入图片”按钮，打开“插入图片”对话框，选择考试文件夹下的“第一代计算机 .jpg”，单击“打开”按钮完成图片的插入。按照上述同样方法，使第四张至第六张幻灯片，标题内容分别为素材中各段的标题，左侧内容为各段的文字介绍，加项目符号，右侧为对应的图片，第六张幻灯片需插入两张图片（“第四代计算机 -1.JPG”在上，“第四代计算机 -2.JPG”在下）。选中第七张幻灯片，单击“插入”选项卡→“艺术字”按钮，从弹出的下拉列表中选择第 1 行第 2 个样式，输入文字“谢谢！”。

（4）选中第一张幻灯片的副标题，单击“动画”选项卡→“飞入”命令按钮，再单击“动画属性”按钮，从弹出的下拉列表中选择“自底部”。按同样的方法可为第三到第六张幻灯片的图片设置动画效果。选中第二张幻灯片的第一个文本框，单击“插入”选项卡→“超链接”按钮，弹出“插入超链接”对话框，在“链接到：”下单击“本文档中的位置”，在“请选择文档中的位置”中单击第三张幻灯片，然后单击“确定”按钮。按照同样方法将剩下的三个文本框超链接到相应内容幻灯片。单击“切换”选项卡→“推出”按钮，单击“效果选项”按钮，从弹出的下拉列表中选择“向右”，再“应用到全部”按钮。

（5）单击“保存”命令按钮，保存该演示文稿。

3.7　WPS Office 高级应用与设计上机操作题（7）

3.7.1　WPS Office 高级应用与设计上机操作题

一、字处理题

在素材文件夹下打开文本文件“WPS 文字素材 .txt”，按照要求完成下列操作并以文件名“WPS 文字 .docx”保存结果文档。

张静是一名大学本科三年级学生，经多方面了解分析，她希望在下个暑期去一家公司实习。为获得难得的实习机会，她打算利用 WPS 文字精心制作一份简洁而醒目的个人简历，示例样式如“简历参考样式 .jpg”所示，要求如下：

（1）调整文档版面，要求纸张大小为 A4，页边距（上、下）为 2.5 厘米，页边距（左、右）为 3.2 厘米。

（2）根据页面布局需要，在适当的位置插入标准色为橙色与白色的两个矩形，其中橙色矩形占满 A4 幅面，文字环绕方式设为“浮于文字上方”，作为简历的背景。

（3）参照示例文件，插入标准色为橙色的圆角矩形，并添加文字“实习经验”，插入一个短划线的虚线圆角矩形框。

（4）参照示例文件，插入文本框和文字，并调整文字的字体、字号、位置和颜色。其中“张静”应为标准色橙色的艺术字，“寻求能够……”文本效果应为跟随路径的“上弯弧”。

（5）根据页面布局需要，插入素材文件夹下图片“1.png”，依据样例进行裁剪和调整，并删除图片的剪裁区域；然后根据需要插入“图片 2.jpg”“3.jpg”“4.jpg”，并调整图片位置。

（6）参照示例文件，在适当的位置使用形状中的标准色橙色箭头（提示：其中横向箭头使用线条类型箭头），插入“智能图形”图形，并进行适当编辑。

（7）参照示例文件，在“促销活动分析”等 4 处使用项目符号“对勾”，在“曾任班长”等 4 处插入符号“五角星”、颜色为标准色“红色”。调整各部分的位置、大小、形状和颜色，以展现统一、良好的视觉效果。

二、电子表格题

小李在东方公司担任行政助理，年底小李统计了公司员工档案信息的分析和汇总。请你根据东方公司员工档案表（“WPS 表格 .xlsx”文件），按照如下要求完成统计和分析工作：

（1）请对“员工档案表”工作表进行格式调整，将所有工资列设为保留两位小数的数值，适当加大行高列宽。

（2）根据身份证号，请在“员工档案表”工作表的“出生日期”列中，使用 MID 函数提取员工生日，单元格式类型为“yyyy"年"m"月"d"日"”。

（3）根据入职时间，请在“员工档案表”工作表的“工龄”列中，使用 TODAY 函数和 INT 函数计算员工的工龄，工作满一年才计入工龄。

（4）引用“工龄工资”工作表中的数据来计算“员工档案表”工作表员工的工龄工资，在“基础工资”列中，计算每个人的基础工资。（基础工资 = 基本工资 + 工龄工资）

（5）根据“员工档案表”工作表中的工资数据，统计所有人的基础工资总额，并将其填写在“统计报告”工作表的 B2 单元格中。

（6）根据“员工档案表”工作表中的工资数据，统计职务为项目经理的基本工资总额，并将其填写在“统计报告”工作表的 B3 单元格中。

（7）根据“员工档案表”工作表中的工资数据，统计东方公司本科生平均基本工资，并将其填写在“统计报告”工作表的 B4 单元格中。

（8）通过分类汇总功能求出每个职务的平均基本工资。

（9）创建一个三维饼图，对每个职务的平均基本工资进行比较，并将该图表放置在“统计报告”中。

（10）保存“WPS 表格 .xlsx”文件。

三、演示文稿题

为进一步提升北京旅游行业整体队伍素质，打造高水平、懂业务的旅游景区建设与管理队伍，北京旅游局将为工作人员进行一次业务培训，主要围绕“北京主要景点”进行介绍，包括文字、图片、音频等内容。请根据素材文档“北京主要景点介绍 -WPS 文字 .docx”，帮助主管人员完成制作任务，具体要求如下：

（1）新建一份演示文稿，并以“北京主要旅游景点介绍 .pptx”为文件名保存。

（2）第一张标题幻灯片中的标题设置为“北京主要旅游景点介绍”，副标题为“历史与现代的完美融合”。

（3）在第一张幻灯片中插入歌曲“北京欢迎你 .mp3”，设置为自动播放，并设置声音图标在放映时隐藏。

（4）第二张幻灯片的版式为“标题和内容”，标题为“北京主要景点”，在文本区域中以项目符号列表方式依次添加下列内容：天安门、故宫博物院、八达岭长城、颐和园、鸟巢。

（5）自第三张幻灯片开始按照天安门、故宫博物院、八达岭长城、颐和园、鸟巢的顺序依次介绍北京各主要景点，相应的文字素材“北京主要景点介绍 -WPS 文字 .docx”以及图片文件均存放于考试文件夹下，要求每个景点介绍占用一张幻灯片。

（6）最后一张幻灯片的版式设置为“空白”，并插入艺术字“谢谢”。

（7）将第二张幻灯片列表中的内容分别超链接到后面对应的幻灯片、并添加返回到第二张幻灯片的动作按钮。

（8）为演示文稿选择一种设计主题，要求字体和整体布局合理、色调统一，为每张幻灯片设置不同的幻灯片切换效果以及文字和图片的动画效果。

（9）除标题幻灯片外，其他幻灯片的页脚均包含幻灯片编号、日期和时间。

（10）设置演示文稿放映方式为“循环放映，按 ESC 键终止”，换片方式为“手动”。

3.7.2 WPS Office 高级应用与设计上机操作题解析

一、字处理题

具体操作步骤如下：

（1）启动 WPS Office 应用程序，单击“文件”选项卡→“打开”命令，打开“打开文件”对话框，选择素材文件下的“WPS 文字素材 .txt”文档，单击“打开”命令。

（2）根据题目要求，调整文档版面。单击“页面布局”选项卡→“页面设置”对话框启动器按钮，打开“页面设置”对话框，切换至“纸张”选项卡，单击“纸张大小”下拉列表中的“A4”选项。切换至“页边距”选项卡，在“页边距”选项组中，“上”和“下”微调框中都设置为“2.5”，“左”和“右”微调框都设置为“3.2”。设置完毕后单击“确定”按钮。

（3）选择“插入”选项卡→“插图”选项组→“形状”下拉列表“矩形”组中的“矩形”选项，参照素材文件“简历参考样式 .jpg”中的白色背景图形，用鼠标在页面中拖动出较 A4 页面稍小的矩形图形。单击上下文工具“绘图工具”中的“格式”选项卡，选择“形状样式”组“形状填充”下拉列表下“标准色”组中的“白色”选项；选择“排列”组“下拉一层”下拉列表的“置于底层”选项；选择“排列”组“自动换行”下拉列表的“浮于文字上方”选项。按照上述方法，插入覆盖整个页面的橙色矩形，并作同样的排列设置。

（4）参照示例文件，插入一个圆角矩形，单击上下文工具“绘图工具”中的“格式”选项卡，选择“形状样式”组“形状填充”下拉列表中的“无填充颜色”选项；单击“形状轮廓”下拉列表中的“虚线”选项，在弹出下一级菜单中选择“短划线”选项。参照示例文件，插入橙色圆角矩形。在该矩形上右击，在弹出的快捷菜单中选择“添加文字”选项，矩形中出现光标，输入文字“实习经验”。

（5）参照示例文件，使用“开始”选项卡→“字体”组和“段落”选项组中的工具调整文字的字体、字号、位置和颜色。选中文本“张静”，选择“插入”选项卡→“文本”组“艺术字”下拉列表中的任意一项。单击上下文工具“绘图工具”中的“格式”选项卡，选择“艺术字样式”组“文本填充”下拉列表下“标准色”组中的“橙色”选项。参照示例文件，按上述方法将文本“寻求能够……”转换为艺术字，单击上下文工具“绘图工具”中的“格式”选项卡，选择“艺术字样式”组“文本效果”下拉列表下“跟随路径”组中的“上弯弧”选项。

（6）单击“插入”选项卡→“插图”选项组→“图片”按钮，打开“插入图片”对话框，选择素材文件夹下的图片“1.png”。选中插入的图片，单击上下文工具“绘图工具”中“格式”选项卡→“调整”选项组→“删除背景”按钮，参照示例文件，通过鼠标拖动调整保留区域边框，单击“背景消除”选项卡→“关闭”选项组的“保留更改”按钮。选择上下文工具“绘图工具”中“格式”选项卡→“大小”组“裁剪”下拉列表中的“裁剪”选项，通过鼠标拖动调整裁剪区域大小，按 <Enter> 键确认裁剪操作。按上述方法，参照示例文件，插入图片“2.jpg”“3.jpg”“4.jpg”，并调整图片位置。

（7）选择“插入”选项卡→“形状”下拉列表“线条”组中的“箭头”选项，按住 <Shift> 键，用鼠标拖动出水平线条类型箭头。选中箭头，单击上下文工具“绘图工具”中的“格式”选项卡，选择“形状样式”组“形状轮廓”下拉列表下“标准色”组中的“橙色”选项；参照示例文件，选择“形状样式”组“形状轮廓”下拉列表“粗细”选项的值。按照上述方法，参照示例文件添加三个“形状”中的“上箭头”。可以通过鼠标拖动调整箭头位置，也可以按住 <Ctrl> 键，选中需要调整的箭头，使用上下文工具“绘图工具”中的“格式”选项卡“排列”选项组→“对齐”下拉列表选项对齐调整箭头位置。单击“插入”选项卡→“智能图形”按钮，弹出“选择智能图形”对话框，选择“流程”中的“步骤上移流程”，如图 3-44 所示。设置完毕后单击“确定”按钮。参照示例文件，输入文字内容。

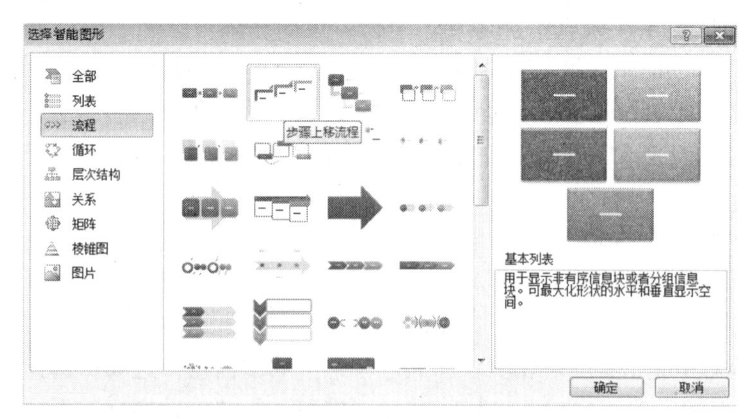

图 3-44 设置“选择智能图形”对话框

（8）参照示例文件，按住 <Ctrl> 键，选中“促销活动分析”等四处，选择“开始”选项卡→“项目符号”下拉列表中的对勾符号。选择“插入”选项卡→“形状”下拉列表“星与旗帜”组中的“五角星”选项。选中五角星，单击上下文工具“绘图工具”中的“格式”选项卡，选择“形状样式”组“形状填充”下拉列表“标准色”组中的“红色”选项。调整五角星的大小。使用 <Ctrl+C> 组合键复制该五角星，然后使用快捷键 <Ctrl+V> 三次，粘贴三个五角星图形。将四个五角星拖动到“曾任班长”等四处。整各部分的位置、大小、形状和颜色，以展现统一、良好的视觉效果。

（9）单击“文件”选项卡→“另存为”命令，打开“另存为”对话框，选择素材文件夹，“文件名”设置为“WPS 文字”，选择“保存类型”下拉列表中的“Microsoft Word 文件 (*.docx)”选项。设置完成后单击“保存”按钮。

二、电子表格题

具体操作步骤如下：

（1）打开“WPS 表格 .xlsx”工作簿，在“员工档案”工作表中，选中所有工资列单元格，右击，在弹出的快捷菜单中选择“设置单元格格式”命令，弹出“单元格格式”对话框。在“数字”选项卡“分类”组中选择“数值”，在小数位数微调框中设置小数位数为 2，单击“确定”按钮。选中所有单元格内容，单击“开始”选项卡→“行和列”下拉按钮，在弹出的下拉列表中选择“最适合的行高”命令。单击“开始”选项卡→“行和列”下拉按钮，在弹出的下拉列表中选择“最适合的列宽”命令。

（2）在“员工档案”工作表中 G3 单元格中输入“=MID(F3,7,4) & " 年 " & MID(F3,11,2) & " 月 " & MID(F3,13,2) & " 日 "”，按 <Enter> 键确认，向下填充公式到最后一个员工，并适当调整该列的列宽。

（3）在“员工档案”工作表 J3 单元格中输入“=INT((TODAY( )–I3)/365)”，表示当前日期减去入职时间的余额除以 365 天后再向下取整，按 <Enter> 键确认，然后向下填充公式到最后一个员工。

（4）在“员工档案”工作表 L3 单元格中输入“=J3* 工龄工资 !$B$3”，按 <Enter> 键确认，向下填充公式到最后一个员工。在 M3 单元格中输入“=K3+L3”，按 <Enter> 键确认，向下填充公式到最后一个员工。

（5）在“统计报告”工作表中的 B2 单元格中输入“=SUM(员工档案 !M3:M37)”，按 <Enter> 键确认。

（6）在“统计报告”工作表中的 B3 单元格中输入“=SUMIF(员工档案 !E3:E37," 项目经理 ", 员工档案 !M3:M37)”，按 <Enter> 键确认。

（7）在“统计报告”工作表中的 B4 单元格中输入“=AVERAGEIF(员工档案 !H3:H37," 本科 ", 员工档案 !K3:K37)”，按 <Enter> 键确认。

（8）选中 E3:M37 区域，单击“数据”选项卡→“分类汇总”按钮，弹出“分类汇总”对话框。单击“分类字段”下拉按钮选择“职务”，单击“汇总方式”下拉按钮选择“平均值”，在“选定汇总项”组中勾选“基本工资”复选框，单击“确定”按钮。

（9）单击“单元格名称”框下方的分级“2”，选择如图所示的数据，单击“插入”选项卡→“全部图表”按钮，双击“饼图”中的“三维饼图”。生成如图 3-45 所示的图表。选中该图表，单击“图表工具”选项卡→“移动图表”按钮，打开“移动图表”对话框，单击“对象位于”右侧的下拉箭头，选择“统计报告”，单击“确定”按钮完成图表的移动。

	A	B	C	D	E	F	G	H	I	J	K	L	M
2	员工编号	姓名	性别	部门	职务	身份证号	出生日期	学历	入职时间	工龄	基本工资	工龄工资	基础工资
4					部门经理 平均值								11050.00
6					人事行政经理 平均值								10250.00
8					文秘 平均值								4000.00
11					项目经理 平均值								15950.00
13					销售经理 平均值								16000.00
15					研发经理 平均值								12900.00
43					员工 平均值								6020.37
45					总经理 平均值								41050.00
46					总平均值								8277.14
47													

图 3-45　选择数据

（10）单击“保存”按钮，保存该工作簿。

三、演示文稿题

具体操作步骤如下：

（1）启动 WPS Office 应用程序，创建一份演示文稿，并命名为“北京主要旅游景点介绍 .pptx”。

（2）选中第一张幻灯片，单击“开始”选项卡→“版式”按钮，在列表中选择“标题”版式。在第一张幻灯片的“单击此处编辑标题”处单击，输入文字“北京主要旅游景点介绍”，副标题设置为“历史与现代的完美融合”。

（3）单击“插入”选项卡→“音频”下拉按钮，在弹出的下拉列表中选择“嵌入音频”选项。弹出“插入音频”对话框，在该对话框中选择考试文件夹下的“北京欢迎您 .mp3”素材文件，单击“插入”按钮。在“音频工具”选项卡中，将“开始”设置为“自动”，并勾选“放映时隐藏”复选框。

（4）单击“开始”选项卡→“新建幻灯片”下拉按钮，在弹出的下拉列表中选择“标题和内容”选项。在标题处输入文字“北京主要景点”，在正文文本框内以项目符号列表方式依次添加：天安门、故宫博物院、八达岭长城、颐和园、鸟巢。

（5）光标定位在第二张幻灯片下方，按 <Enter> 键新建版式为“标题和内容”的幻灯片，选中标题文本框并删除。选中余下的文本框，单击“开始”选项卡→“项目符号”右侧的下三角按钮，在弹出的下拉列表中选择“无”选项。选择第三张幻灯片，对其进行复制并粘贴 4 次。打开“北京主要景点介绍 –WPS 文字 .docx”素材文件，选择第一段文字将其进行复制，将其粘贴到第三张幻灯的文本框内。单击“插入”选项卡→“图片”按钮，弹出“插入图片”对话框，选中素材文件“天安门 .jpg”，单击“打开”按钮，即可插入图片，并适当调整图片的大小和位置。使用同样的方法将介绍故宫博物院、八达岭长城、颐和园、鸟巢的文字粘贴到不同的幻灯片中，并插入相应的图片。

（6）选择第七张幻灯片，单击“开始”选项卡→“新建幻灯片”下拉按钮，在弹出的下拉列表中选择“空白”选项。单击“插入”选项卡→“文本”选项组→“艺术字”下拉按钮，在弹出的下拉列表中选择第一行第二列样式。将艺术字文本框内的文字删除，输入文字“谢谢”，适当调整艺术文字的位置。

（7）选择第二张幻灯片，选择该幻灯片中的“天安门”字样，单击“插入”选项卡→“超链接”按钮，弹出“插入超链接”对话框，在该对话框中将“链接到”设置为“本文档中的位置”，在“请选择文档中的位置”列表框中选择“幻灯片 3”选项，单击“确定”按钮。切换至第三张幻灯片，单击“插入”选项卡→“形状”下拉按钮，在弹出的下拉列表中选择“动作按钮”中的“动作按钮：后退或前一项”形状。在第三张幻灯片的空白位置绘制动作按钮，绘制完成后弹出“动作设置”对话框，在该对话框中单击“超链接到”中的下拉按钮，在弹出的下拉列表中选择“幻灯片”选项。弹出“超链接到幻灯片”对话框，在该对话框中选择“2. 北京主要景点”，单击“确定”按钮。再次单击“确定”按钮，退出对话框，适当调整动作按钮的大小和位置。使用同样的方法，将第二张幻灯片列表中余下内容分别超链接到对应的幻灯片上，并复制新建的动作按钮粘贴到相应的幻灯片中。

（8）单击“设计”选项卡→“导入模板”按钮，打开“应用设计模板”对话框，选择考试文件夹下的“风景 .thmx”主题，设置主题。适当调整图片和文字的位置。选择第一张幻灯片，单击“切换”选项卡→“溶解”切换效果。并按同样的方法，为其他幻灯片设置不同的切换效果。选中第一张幻灯片的标题文本框，单击“动画”选项卡→“飞入”选项。选中该幻灯片中的副标题，设置动画效果为“淡出”。按照同样的方法为其他的幻灯片中的文字和图片设置不同的动画效果。

（9）单击“插入”选项卡→“幻灯片编号”按钮，在弹出的“页眉和页脚”对话框中勾选“日期和时间”复选框、“幻灯片编号”复选框和“标题幻灯片中不显示”复选框，单击“全部应用”按钮。

（10）单击“放映”选项卡→“放映设置”按钮，弹出“设置放映方式”对话框，在“放映选项”组中勾选“循环放映，按 ESC 键终止”复选框，将“换片方式”设置为手动，单击“确定”按钮。

（11）单击“保存”命令按钮，保存该演示文稿。

3.8 WPS Office 高级应用与设计上机操作题（8）

3.8.1 WPS Office 高级应用与设计上机操作题

一、字处理题

请按题目要求完成下面的操作。

财务部助理小王需要协助公司管理层制作本财年的年度报告，请你按照如下需求完成制作工作：

（1）打开“WPS 文字素材 .docx”文件，将其另存为“WPS 文字 .docx”，之后所有的操作均在“WPS 文字 .docx”文件中进行。

（2）查看文档中含有绿色标记的标题，例如“致我们的股东”“财务概要”等，将其段落格式赋予到本文档样式库中的“样式 1”。

（3）修改“样式 1”样式，设置其字体为黑色、黑体，并为该样式添加 0.5 磅的黑色、单线条下划线边框，该下划线边框应用于“样式 1”所匹配的段落，将“样式 1”重新命名为“报告标题 1”。

（4）将文档中所有含有绿色标记的标题文字段落应用“报告标题 1”样式。

（5）在文档的第一页与第二页之间，插入新的空白页，并将文档目录插入到该页中。文档目录要求包含页码，并仅包含“报告标题 1”样式所示的标题文字。将自动生成的目录标题“目录”段落应用“目录标题”样式。

（6）因为财务数据信息较多，因此设置文档第五页“现金流量表”段落区域内的表格标题行可以自动出现在表格所在页面的表头位置。

（7）在“产品销售一览表”段落区域的表格下方，插入一个产品销售分析图，图表样式请参考“分析图样例 .jpg”文件所示，并将图表调整到与文档页面宽度相匹配。

（8）修改文档页眉，要求文档第一页不包含页眉，文档目录页不包含页码，从文档第三页开始在页眉的左侧区域包含页码，在页眉的右侧区域自动填写该页中“报告标题 1”样式所示的标题文字。

（9）为文档添加水印，水印文字为“机密”，并设置为斜式版式。

（10）根据文档内容的变化，更新文档目录的内容与页码。

二、电子表格题

某公司销售部门主管大华拟对本公司产品前两季度的销售情况进行统计，按下述要求帮助大华完成统计工作：

（1）打开工作簿“WPS 表格素材 .xlsx”，将其另存为“一、二季度销售统计表 .xlsx”，后续操作均基于此文件。

（2）参照“产品基本信息表”所列，运用公式或函数分别在工作表“一季度销售情况表”“二季度销售情况表”中，填入各型号产品对应的单价，并计算各月销售额填入 F 列中。其中单价和销售额均为数值、保留两位小数、使用千位分隔符。（注意：不得改变这两个工作表中的数据顺序）

（3）在“产品销售汇总表”中，分别计算各型号产品的一、二季度销量，销售额及合计数，填入相应列中。所有销售额均设为数值型、小数位数，使用千位分隔符，右对齐。

（4）在“产品销售汇总表”中，在不改变原有数据顺序的情况下，按一、二季度销售总额从高到低给出销售额排名，填入 I 列相应单元格中。将排名前位和后位的产品名次分别用标准红色和标准绿色标出。

（5）为“产品销售汇总表”的数据区域 A1:I21 套用一个表格格式，包含表标题，并取消列标题行的筛选标记。

（6）根据“产品销售汇总表”中的数据，在一个名为“透视分析”的新工作表中创建数据透视表，统计每个产品类别的一、二季度销售及总销售额，透视表自 A3 单元格开始、并按一、二季度销售总额从高到低进行排序。结果参见文件“透视表样例 .png”。

（7）将“透视分析”工作表标签颜色设为标准紫色，并移动到“产品销售汇总表”的右侧。

三、演示文稿题

公司计划在“创新产品展示及说明会”会议茶歇期间，在大屏幕投影上向来宾自动播放会议的日程和主题，因此需要市场部助理小王完善“WPS 演示 .pptx”文件中的演示内容。

现在，请你按照如下需求，在 WPS 演示中完成制作工作并保存。

（1）为演示文稿应用考试文件夹下的“风景 .thmx”主题样式。

（2）为了布局美观，将第六张幻灯片中的内容区域文字转换为“水平项目符号列表”智能图形布局。

（3）在第五张幻灯片中插入一个标准折线图，并按照如下数据信息调整 WPS 演示中的图表内容。

	笔记本电脑	平板电脑	智能手机
2010 年	7.6	1.4	1.0
2011 年	6.1	1.7	2.2
2012 年	5.3	2.1	2.6
2013 年	4.5	2.5	3
2014 年	2.9	3.2	3.9

（4）为该折线图设置“擦除”进入动画效果，效果选项为“自左侧”。

（5）为演示文档中的所有幻灯片设置不同的切换效果。

（6）为演示文档创建三个节，其中“议程”节中包含第一张和第二张幻灯片，“结束”节中包含最后一张幻灯片，其余幻灯片包含在“内容”节中。

（7）为了实现幻灯片可以自动放映，设置每张幻灯片的自动放映时间不少于 2 秒钟。

（8）删除演示文档中每张幻灯片的备注文字信息。

3.8.2 WPS Office 高级应用与设计上机操作题解析

一、字处理题

具体操作步骤如下：

（1）打开素材文件夹下的“WPS 文字素材 .docx”文档，单击“文件”选项卡，选择左侧列表中的“另存为”选项，打开“另存为”对话框，将文件另存为“WPS 文字 .docx”。

（2）单击“开始”选项卡→“查找替换”按钮，在查找内容框内设置颜色为绿色，替换文本框设置样式为“样式 1”，如图 3-46 所示，单击“全部替换”命令。替换完毕后单击“关闭”按钮关闭对话框。

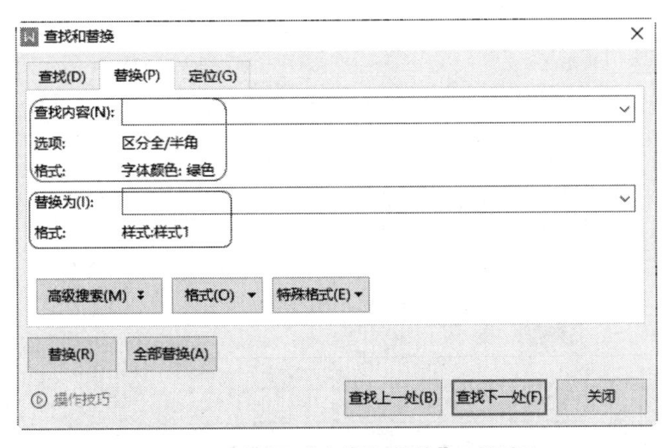

图 3-46 设置“查找和替换”对话框

（3）右击“样式 1”，在下拉列表中选择“修改样式”选项，打开“修改样式”修改样式对话框。设置“属性”组“名称”为“报告标题 1”，选择“格式”组“字体”下拉列表“黑体”选项，选择“颜色”下拉列表“自动”选项，最后选择“格式”下拉菜单“边框”选项，打开“边框和底纹”对话框。选择“边框”选项卡，选择“设置”组“自定义”选项，“样式”组单线选项，“颜色”下拉列表中的“自动”选项，“宽度”下拉列表中的“0.5 磅”选项；单击“预览”组中“下边框线”按钮，单击“确定”按钮，返回到“修改样式”对话框，如图 3-47 所示。设置完成后单击“确定”按钮。

图 3-47　修改“样式 1”

（4）将光标定位到第二页第一个字符前，单击“引用”选项卡→“目录”下拉列表的“自定义目录”选项，打开“目录”对话框。设置“常规”组“显示级别”微调框为“1”，如图 3-48 所示。设置完成后单击“确定”按钮，即自动生成目录。选中文本“目录”，选择“开始”选项卡→“目录标题”选项。

（5）选中“现金流量表”，单击上下文工具“表格工具”→“标题行重复”按钮。

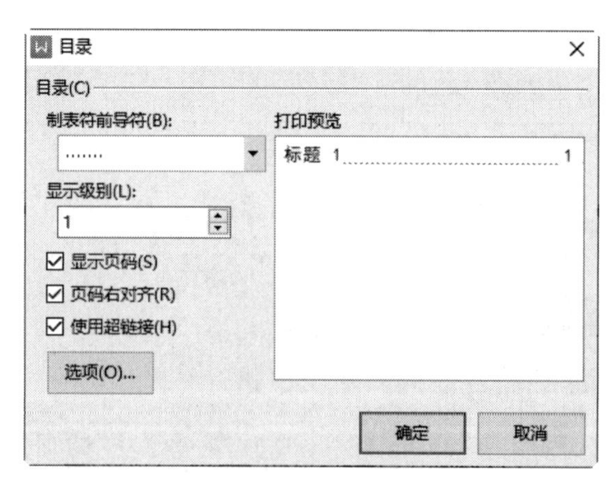

图 3-48　自动生成目录

（6）选中“产品销售一览表”内容，按 <Ctrl+C> 组合键复制。将光标定位到表格下方，单击“插入”选项卡→“图表”按钮，打开“图表”对话框，选择“饼图”中的“复合条饼图”选项，如图 3-49 所示。选中图表区域，单击“图表工具”选项卡→“编辑数据”按钮。打开 WPS 电子表格工作簿，单击 A1 单元格，按 <Ctrl+V> 组合键粘贴“产品销售一览表”内容，如图 3-50 所示，关闭 WPS 表格。选中图表，单击右侧的“属性”按钮，打开“属性”任务窗格。在“系列”选项卡下，将“第二绘图区中的值”微调框设置为 4，如图 3–51 所示。单击“图表工具”选项卡→“添加元素”下拉按钮，选择“数据标签”子菜单的“更多选项”，在右侧面板中勾选“标签选项”组中的“类别名称”和“显示引导线”，勾选“标签位置”组中的“数据标签外”。单击图表中的“其他”标签，将其修改为“办公产品”。参照素材文件“分析图样例 .jpg”，使用上下文工具“图表工具”工具设置图表样式。

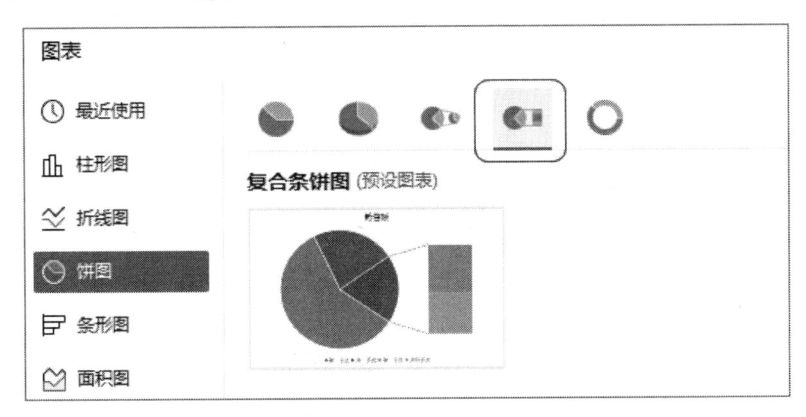

图 3-49 设置“插入图表”对话框

	A	B
1	销售产品	销售额
2	操作系统	12,909,288
3	服务器	3,221,904
4	数据库	2,981,448
5	Office 2003	7,832,288
6	Office 2007	1,959,768
7	Office 2010	3,983,233
8	Office 2013	2,887,309

图 3-50 设置图表数据

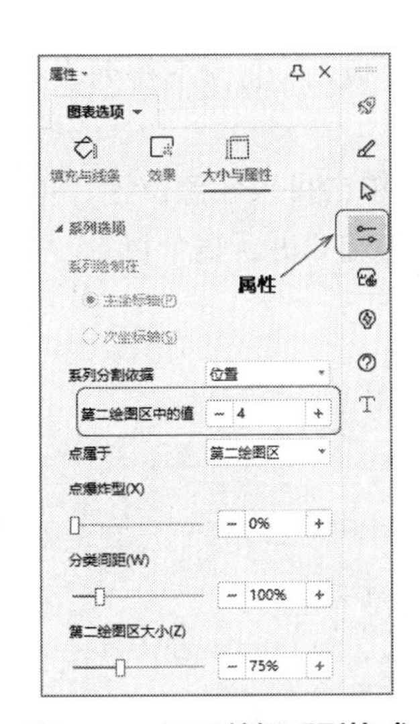

图 3-51 设置数据系列格式

（7）将光标定位到第二页第一个字符前，单击“插入”选项卡→“分页”下拉按钮，选择“连续分节符”命令，添加连续分节符。在第三页起始位置添加连续分节符，并取消第三页页眉的“链接到前一条页眉”功能设置。双击第一页页眉区，在上下文工具“页眉页脚”选项卡→“页眉页脚选项”按钮，打开“页眉 / 页脚设置”对话框，选项组中勾选“首页不同”，删除首页页眉。选中第二页表示页码的文本，并删除。将光标定位到第三页页眉表示页码的文字后，单击“页眉页脚”选项卡→“域”按钮，打开“域”对话框。选择“请选择域”组“域名”下拉列表中的“样式引用”，然后选择“高级域属性”组“样式名”列表中的“报告标题 1”选项，如图 3-52 所示。设置完毕后单击“确定”按钮。选中添加的域文字，在上下文工具“页眉页脚”选项卡→“插入对齐制表符”按钮，单击“插入对齐方式”按钮，打开“对齐制表位”对话框，在“对齐方式”组中选择“右对齐”。

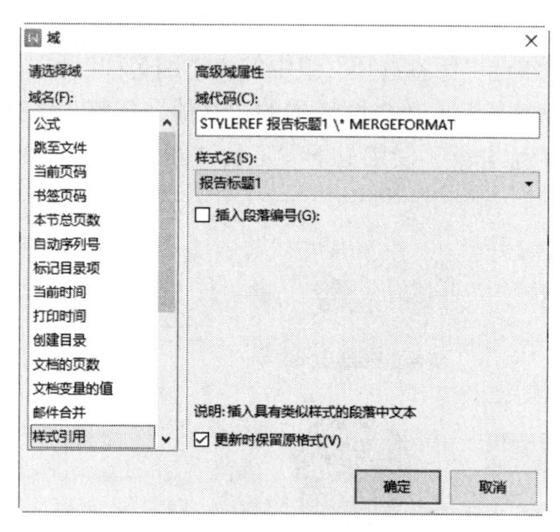

图 3-52　设置“域”对话框

（8）将光标定位到第二页第一个字符前，单击“插入”选项卡→“水印”下拉列表“插入水印”选项，打开“水印”对话框。勾选“文字水印”选项，在“文字”文本框中输入“机密”，在“版式”右侧下拉列表中选择“倾斜”选项，如图 3-53 所示。设置完成后单击“确定”按钮。

（9）单击目录任意位置，单击“引用”选项卡→“更新目录”按钮，打开“更新目录”对话框，勾选“更新整个目录”选项，如图 3-54 所示。设置完毕后单击“确定”按钮。

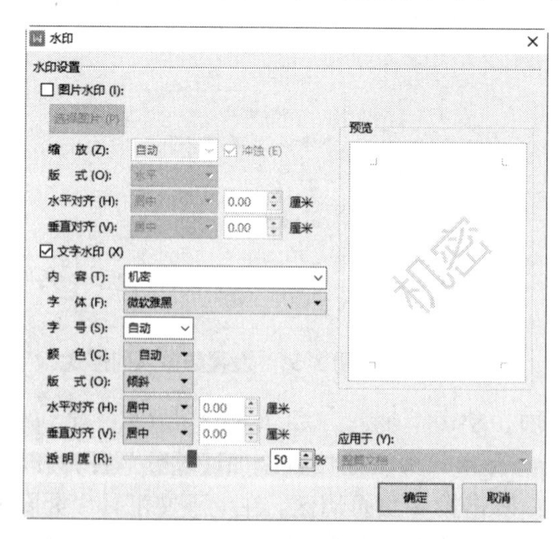

图 3-53　设置“水印”对话框

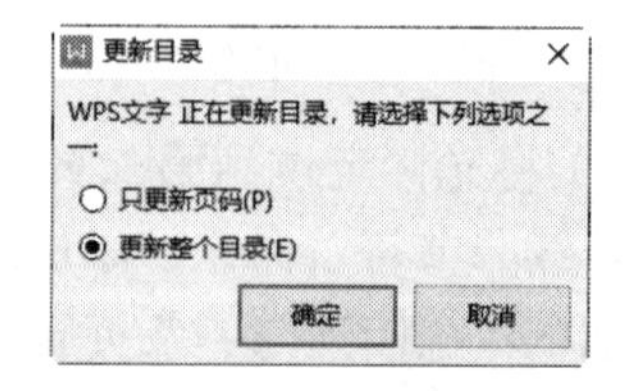

图 3-54　设置“更新目录”对话框

（10）单击“保存”按钮，保存该文档。

二、电子表格题

具体操作步骤如下：

（1）打开“WPS 表格素材 .xlsx”工作簿，将其另存为“一、二季度销售统计表 .xlsx”。

（2）在“一季度销售情况表”E2 单元格中输入“=VLOOKUP(B2, 产品基本信息表 !$B$2:$C$21,2,FALSE)”，按 <Enter> 键。在 F2 单元格中输入“=D2*E2”，按 <Enter> 键计算结果，并拖动填充柄向下自动填充单元格。选定 E、F 列，设置单元格格式为“数值，小数位数 2，使用千位分隔符”。

用同样的方法设置“二季度销售情况表”中的 E2 和 F2。

（3）在“产品销售汇总表”C2 单元格中输入“=SUMIF(一季度销售情况表 !$B$2:$B$44,B2,一季度销售情况表 !$D$2:$D$44)”，按 <Enter> 键计算结果，并拖动填充柄向下自动填充单元格。

在 D2 中输入“=SUMIF(一季度销售情况表 !$B$2:$B$44,B2,一季度销售情况表 !$F$2:$F$44)”，按 <Enter> 键计算结果，并拖动填充柄向下自动填充单元格。

在 E2 中输入“=SUMIF('二季度销售情况表'!$B$2:$B$43,B2,'二季度销售情况表'!$D$2:$D$43)” 按 <Enter> 键计算结果，并拖动填充柄向下自动填充单元格。

在 F2 中输入“=SUMIF('二季度销售情况表'!$B$2:$B$43,B2,'二季度销售情况表'!$F$2:$F$43)”，按 <Enter> 键计算结果，并拖动填充柄向下自动填充单元格。

在 G2 中输入“=C2+E2”，按 <Enter> 键计算结果，并拖动填充柄向下自动填充单元格。

在 H2 中输入“=D2+F2”，按 <Enter> 键计算结果，并拖动填充柄向下自动填充单元格。

选定 D 列、F 列和 H 列，设置单元格格式为“数值，小数位数 2，使用千位分隔符”，对齐方式为“右对齐”。

（4）在“产品销售汇总表”I2 单元格中输入“=RANK(H2,$H$2:$H$21,0)”，按 <Enter> 键计算结果，并拖动填充柄向下自动填充单元格。

选定 I 列，单击“开始”选项卡→“条件格式”→“项目选取规则”→“其他规则”→“仅对排名靠前或靠后的数值设置格式”→前: 3，格式设置为绿色。用同样的方法设置后 3 为红色。

（5）选定 A1:I21 数据区域，单击“开始”选项卡→“表格样式”下拉列表中的任意选择一个样式。

（6）在“产品销售汇总表”右侧新建一个工作表，命名为“透视分析”。选中 A3 单元格，单击“插入”选项卡→“数据透视表”命令，在“请选择单元格区域”中选择“产品销售汇总表”的“A1:I21”区域，然后单击“确定”按钮。“产品类别代码”放在“行”，“一季度销售额”“二季度销售额”“一、二季度销售总额”放在“值”中。选定 A3 单元格，在编辑栏输入“产品类别”，按 <Enter> 键；选定 B3 单元格，在编辑栏输入“第一季度销售额”，按 <Enter> 键；选定 C3 单元格，在编辑栏输入“第二季度销售额”，按 <Enter> 键；选定 D3 单元格，在编辑栏输入“两个季度销售总额”，按 <Enter> 键。光标放在 D4 单元格，单击“开始”选项卡→“排序”下拉箭头，在列表中选择“降序”命令。选定 B、C、D 列，设置单元格格式为“数值，小数位数 0，使用千位分隔符”。

（7）右击工作表“透视分析”标签，在弹出的快捷菜单中选择“工作表标签颜色”子菜单的“标准紫色”。

（8）单击“保存”按钮，保存该工作簿。

三、演示文稿题

具体操作步骤如下：

（1）打开“WPS 演示 .pptx”演示文稿。单击“设计”选项卡→“导入模板”按钮，打开“应用设计模板”对话框，选择考试文件夹下的“风景 .thmx”主题，设置主题。

（2）切换至幻灯片视图中，选中编号为 6 的幻灯片，并选中该幻灯片中正文的文本框，单击“开始”选项卡→“转智能图形”下拉按钮，在弹出的下拉列表中选择“水平项目符号列表”，如图 3-55 所示。

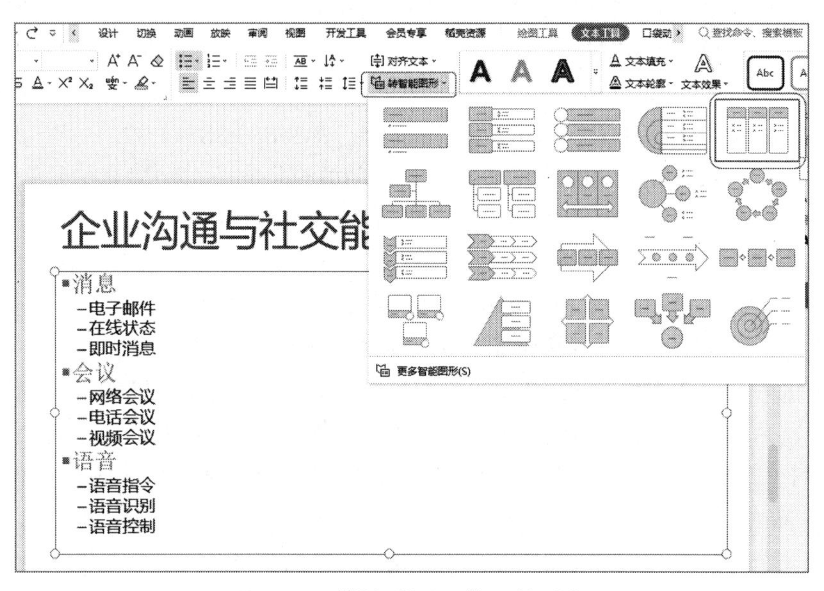

图 3-55 “转智能图形”下拉列表

（3）在幻灯片视图中，选中编号为 5 的幻灯片，在该幻灯片中单击文本框中的“插入图表”按钮，在打开的“插入图表”对话框中，双击“折线图”，如图 3-56 所示。选中图表，单击“图表工具”选项卡编辑数据按钮，打开 WPS 表格应用程序，输入如图 3-57 所示的数据后，关闭 WPS 表格应用程序。

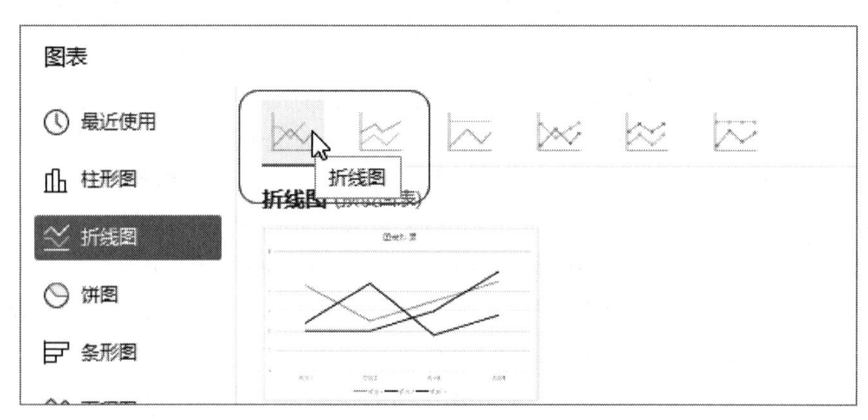

图 3-56 插入图表

H16 fx

	A	B	C	D
1		笔记本电脑	平板电脑	智能手机
2	2010年	7.6	1.4	1.1
3	2011年	6.1	1.7	2.2
4	2012年	5.3	2.1	2.6
5	2013年	4.5	2.5	3
6	2014年	2.9	3.2	3.9
7				

图 3-57　输入数据

（4）选中折线图，单击“动画”选项卡→“擦除”效果。单击“动画属性”下拉按钮，将“方向”设置为“自左侧”。

（5）分别选中不同的幻灯片，在“切换”选项卡中设置不同的切换效果，

（6）在幻灯片视图中，选中编号为 1 的幻灯片，单击“开始”选项卡→“节”下拉按钮，在下拉列表中选择“新增节”命令。然后再次单击“节”下拉按钮，在下拉列表中选择“重命名节”命令，在打开的对话框中输入“节名称”为“议程”，单击“重命名”命令按钮。用同样的方法设置第三至第八张幻灯片节名为“内容”，第九张幻灯片节名为“结束”。

（7）在幻灯片视图中选中全部幻灯片，在“切换”选项卡→取消勾选“单击鼠标时换片”复选框，勾选“自动换片”复选框，并在文本框中输入 00:02，单击“应用到全部”按钮。

（8）单击文件右侧下方“备注”右侧的下拉箭头，在弹出的列表中选择“删除所有备注”，如图 3-58 所示。

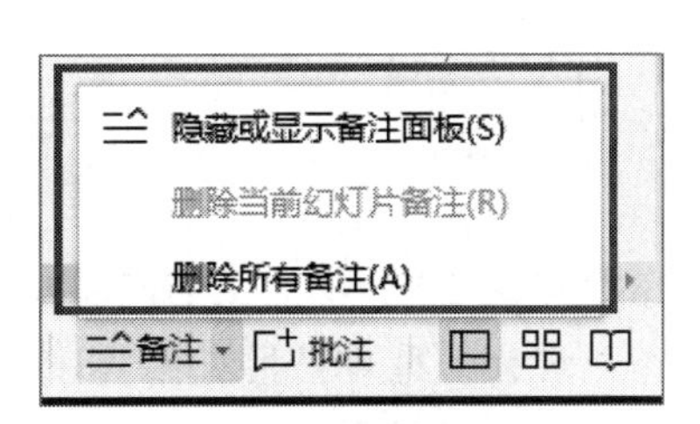

图 3-58　删除备注

（9）单击“开始”选项卡→“保存”命令按钮，保存该演示文稿。

3.9　WPS Office 高级应用与设计上机操作题（9）

3.9.1　WPS Office 高级应用与设计上机操作题

一、字处理题

请按照题目要求完成下面的操作。

小王是某出版社新入职的编辑，主编提交给她关于《计算机与网络应用》教材的编排任务。请你根据素材文件夹下“《计算机与网络应用》初稿 .docx”和相关图片文件的素材，帮助小王完成编排任务，具体要求如下：

（1）依据素材文件，将教材的正式稿命名为“《计算机与网络应用》正式稿 .docx”，并保存于素材文件夹下。

（2）设置页面的纸张大小为 A4 幅面，页边距上、下为 3 厘米，左、右为 2.5 厘米，设置每页行数为 36 行。

（3）将封面、前言、目录、教材正文的每一章、参考文献均设置为 WPS 文字文档中的独立一节。

（4）教材内容的所有章节标题均设置为单倍行距，段前、段后间距 0.5 行。其他格式要求为：章标题（如“第 1 章 计算机概述”）设置为“标题 1”样式，字体为三号、黑体；节标题（如“1.1 计算机发展史”）设置为“标题 2”样式，字体为四号、黑体；小节标题（如“1.1.2 第一台现代电子计算机的诞生”）设置为“标题 3”样式，字体为小四号、黑体。前言、目录、参考文献的标题参照章标题设置。除此之外，其他正文字体设置为宋体、五号字，段落格式为单倍行距，首行缩进 2 字符。

（5）将素材文件夹下的“第一台数字计算机 .jpg”和“天河 2 号 .jpg”图片文件，依据图片内容插入到正文的相应位置。图片下方的说明文字设置为居中，小五号、黑体。

（6）根据“教材封面样式 .jpg”的示例，为教材制作一个封面，图片为素材文件夹下的“Cover.jpg”，将该图片文件插入到当前页面，设置该图片为“衬于文字下方”，调整大小使之正好为 A4 幅面。

（7）为文档添加页码，编排要求为：封面、前言无页码，目录页页码采用小写罗马数字，正文和参考文献页页码采用阿拉伯数字。正文的每一章以奇数页的形式开始编码，第一章的第一页页码为“1”，之后章节的页码编号续前节编号，参考文献页续正文页页码编号。页码设置在页面的页脚中间位置。

（8）在目录页的标题下方，以“自动目录”方式自动生成本教材的目录。

二、电子表格题

销售部助理小王需要根据 2012 年和 2013 年的图书产品销售情况进行统计分析，以便制订新一年的销售计划和工作任务。现在，请你按照如下需求，在文档“WPS 表格 .xlsx”中完成以下工作并保存。

（1）在“销售订单”工作表的“图书编号”列中，使用 VLOOKUP( ) 函数填充所对应“图书名称”的“图书编号”，“图书名称”和“图书编号”的对照关系请参考“图书编目表”工作表。

（2）将“销售订单”工作表的“订单编号”列按照数值升序方式排序，并将所有重复的订单编号数值标记为紫色（标准色）字体，然后将其排列在销售订单列表区域的顶端。

（3）在“2013 年图书销售分析”工作表中，统计 2013 年各类图书在每月的销售量，并将统计结果填充在所对应的单元格中。为该表添加汇总行，在汇总行单元格中分别计算每月图书的总销量。

（4）在“2013 年图书销售分析”工作表中的 N4:N11 单元格中，插入用于统计销售趋势的迷你折线图，各单元格中迷你图的数据范围为所对应图书的 1 月 ~ 12 月销售数据。并为各迷你折线图标记销量的最高点和最低点。

（5）根据“销售订单”工作表的销售列表创建数据透视表，并将创建完成的数据透视表放置在新工作表中，以 A1 单元格为数据透视表的起点位置。将工作表重命名为“2012 年书店销量”。

（6）在“2012 年书店销量”工作表的数据透视表中，设置“日期”字段为列标签，“书店名称”字段为行标签，“销量（本）”字段为求和汇总项。并在数据透视表中显示 2012 年期间各书店每季度的销量情况。

提示：为了统计方便，请勿对完成的数据透视表进行额外的排序操作。

三、演示文稿题

根据提供的“沙尘暴简介 .docx”文件，制作名为“沙尘暴简介”的演示文稿，具体要求如下：

（1）幻灯片不少于六张，选择恰当的版式并且版式要有一定的变化，六张至少要有三种版式。

（2）有演示主题，有标题页，在第一张上要有艺术字形式的“爱护环境”字样。选择考试文件夹下的“风景 .thmx”主题，应用于所有幻灯片。

（3）对第二页使用智能图形。

（4）要有两个超链接进行幻灯片之间的跳转。

（5）采用在展台浏览的方式放映演示文稿，动画效果要贴切、丰富，幻灯片切换效果要恰当。

（6）在演示的时候要全程配有背景音乐自动播放。

（7）将制作完成的演示文稿以“沙尘暴简介 .pptx”为文件名进行保存。

3.9.2 WPS Office 高级应用与设计上机操作题解析

一、字处理题

具体操作步骤如下：

（1）打开素材文件夹下的“《计算机与网络应用》初稿 .docx”文档。

（2）单击“文件”→“另存为”命令，打开“另存文件”对话框，设置“文件名”为“《计算机与网络应用》正式稿”，保存类型为“Microsoft Word 文件 (*.docx)”，存储路径为素材文件夹，设置完成后单击“保存”按钮，自动打开文档“《计算机与网络应用》正式稿”。

（3）根据题目要求，调整文档版面。单击“页面布局”选项卡→“纸张大小”下拉按钮，在列表中选择“其他页面大小”命令。打开“页面设置”对话框，切换至“纸张”选项卡，单击“纸张大小”下拉列表中的“A4”选项。切换至“页边距”选项卡，在“页边距”选项组中，“上”和“下”微调框中都设置为“3”，“左”和“右”微调框都设置为“2.5”；切换至“文档网格”选项卡，在“网格”组中选择“只指定行网络”，在“行数”组中，将“每页”微调框设置为 36。设置完毕后单击“确定”按钮。

（4）将光标定位到前言第一个字符前，单击“插入”选项卡→“分页”下拉按钮，选择“下一页分节符”命令，将封面与前言分页，并设置为独立一节。按照上述方法，将前言、目录、教材正文的每一章和参考文献分页，并设置为独立一节。（注意：每一章要插入“奇数页分节符”）

（5）右击“开始”选项卡→“标题 1”选项，在弹出的快捷菜单中选择“修改样式”选项，打开“修改样式”对话框。选择“格式”组“字体”下拉列表中的“黑体”选项，选择“字号”下拉列表中的“三号”选项，然后选择“格式”下拉列表中的“段落”，打开“段落”对话框。在“缩进和间距”选项卡→“间距”组中，单击“行距”下拉列表，选择“单倍行距”，在“段前”和“段后”微调框中都设置为“0.5”，如图 3-59 所示。单击“确定”按钮返回到“修改样式”对话框。单击“格式”下拉列表中的“编号”命令，打开“项目符号和编号”对话框，切换至“多级标号”选项卡，单击“自定义”按钮，打开“自定义多级编号列表”对话框，将编号样式改为阿拉伯数字“1,2,3...”样式，如图 3-60 所示。单击“确定”按钮返回到“修改样式”对话框。单击“确定”按钮完成标题 1 样式的修改。按照题目要求，用上述方法修改样式“标题 2”“标题 3”和“正文”。按住 <Ctrl> 键，选择所有的前言、目录、参考文献和章的标题，单击“开始”选项卡→“标题 1”选项。按住 <Ctrl> 键，选择所有的节标题，单击“开始”选项卡→“标题 2”选项。按住 <Ctrl> 键，选择所有的小节标题，单击“开始”选项卡→“标题 3”选项。

图 3-59 “段落”对话框

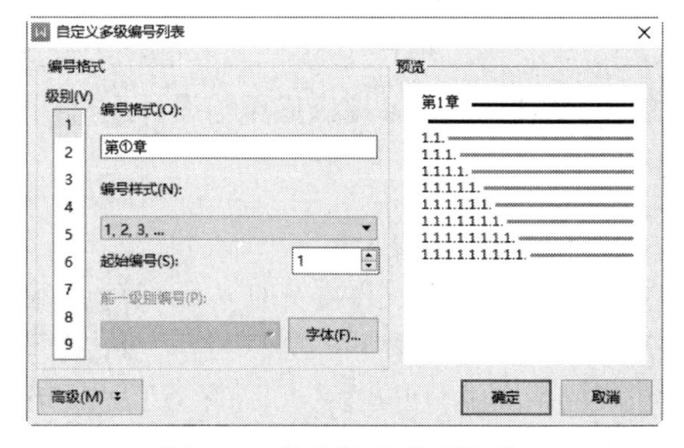

图 3-60 修改样式“标题 1”

（6）将光标定位到正文相应位置，单击“插入”选项卡→“图片”按钮，在列表中选择“本地图片”选项，打开“插入图片”对话框。从素材文件夹中选择“第一台数字计算机 .jpg”，单击“确定”按钮，完成设置。选中图片下方的说明文字“图 4–3 采用电子管的世界上第一台数字计算机 ENIAC”，在“开始”选项卡中，设置“字体”为“黑体”，“字号”设置为“小五”，对齐方式为“居中对齐”；按照上述方法插入图片“天河二号 .jpg”，并设置说明文字的格式。

（7）将光标定位到第一页，按步骤（6）所述方法插入素材文件夹下的“Cover.jpg”图片。选中图片，单击上下文工具“图片工具”选项卡，选择“环绕”下拉列表中的“衬于文字下方”选项。调整图片大小，使之正好为 A4 幅面。

（8）双击第一页页脚，选择“页眉页脚”选项卡→“页脚”下拉列表中的“删除页脚”

选项。按照上述方法删除前言页的页脚。将光标定位到目录页页脚，单击“页眉页脚”选项卡→“页码”下拉列表中的“页码”选项，打开“页码”对话框，选择“样式”下拉列表中的“i,ii,iii…”选项，并设置“应用范围”为“本节”，如图 3-61 所示。单击“确定”按钮完成设置。将光标定位到正文第一页页脚，单击“页眉页脚”选项卡→“页码”下拉列表中的“页码”选项，打开“页码”对话框，选择“样式”下拉列表中的“1,2,3…”选项，并设置“应用范围”为“本节及之后”。

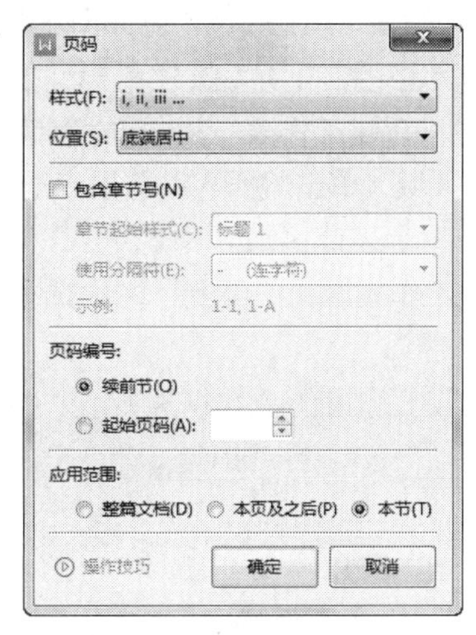

图 3-61 插入页码

（9）单击目录页标题下方，单击“引用”选项卡→“目录”下拉列表的“自动目录”选项，自动生成目录。

（10）单击“保存”按钮，保存该文档。

二、电子表格题

具体操作步骤如下：

（1）打开“WPS 表格 .xlsx”工作簿。在“销售订单”工作表 E3 单元格中输入“=VLOOKUP([@ 图书名称], 表 3,2,FALSE)”，按 <Enter> 键。双击 E3 右下角的填充柄完成图书名称的自动填充。

（2）选中 A3:A678 列单元格，单击“开始”选项卡→“排序”下拉按钮，在下拉列表中选择“自定义排序”，在打开的对话框中将“列”设置为订单编号，“排序依据”设置为数值，“次序”设置为升序，单击“确定”按钮。

选中 A3:A678 列单元格，单击“开始”选项卡→“条件格式”下拉按钮，选择“突出显示单元格规则”级联菜单中的“重复值”命令，弹出“重复值”对话框。单击“设置为”右侧的按钮，在下拉列表中选择“自定义格式”，弹出“单元格格式”对话框，单击“颜色”下的按钮选择“自定义格式”，弹出单元格格式对话框，在“字体”选项卡下，设置字体颜色为标准色“紫色”，单击“确定”按钮。返回到“重复值”对话框中再次单击“确定”按钮。

单击“开始”选项卡→“排序”下拉按钮，在下拉列表中选择“自定义排序”，在打开的对话框中将“列”设置为“订单编号”，“排序依据”设置为“字体颜色”，“次序”设置为紫色、在顶端，单击“确定”按钮。

（3）在“2013 年图书销售分析”工作表 B4 单元格中输入“=SUMIFS(表 1[销量（本）], 表 1[图书名称],[@ 图书名称], 表 1[日期],">=2013-1-1", 表 1[日期],"<=2013-1-31")”，按 <Enter> 键确定。使用同样方法在其他单元格中得出结果。在 A12 单元格中输入“每月图书总销量”，然后选中 B12 单元输入“=SUBTOTAL(109,B4:B11)”按 <Enter> 键确定。将鼠标移动至 B12 单元格的右下角，按住鼠标并拖至 M12 单元格，完成填充运算。

（4）选中 N4 单元格，单击“插入”选项卡→“折线图”按钮，在打开的对话框中“数据范围”输入为“B4:M4”，单击“确定”按钮。在“迷你图工具”选项卡中，勾选“高点”“低点”复选框。将鼠标移动至 N4 单元格的右下角，按住鼠标并拖至 N11 单元格，完成填充运算。

（5）单击工作表标签栏中的“新建工作表”，并重命名为“2012 年书店销量”。单击“销售订单”工作表，选定 A2:G678 区域，单击“插入”选项卡→“数据透视表”按钮，弹出“创建数据透视表”对话框，“选择一个表或区域”中选定 A2：G678 区域，在“请选择放置数据透视表的位置”下选择“现有工作表”，“位置”栏中选择“2012 年书店销量！ a1”，单击“确定”按钮。

（6）在“2012 年书店销量”工作表的“数据透视表”窗格中，将“日期”字段拖动至“列”，将“书店名称”拖动至“行”，将“销量（本）”拖动至“值”中。单击选中任一日期单元格（如“2012 年 1 月 2 日”单元格），单击“组选择”命令按钮，打开“组合”对话框，设置起止时间为：“起始于”2012 年 1 月 1 日，“终止于”2012 年 12 月 31 日；“步长”选择“季度”，如图 3-62 所示。单击“确定”按钮。

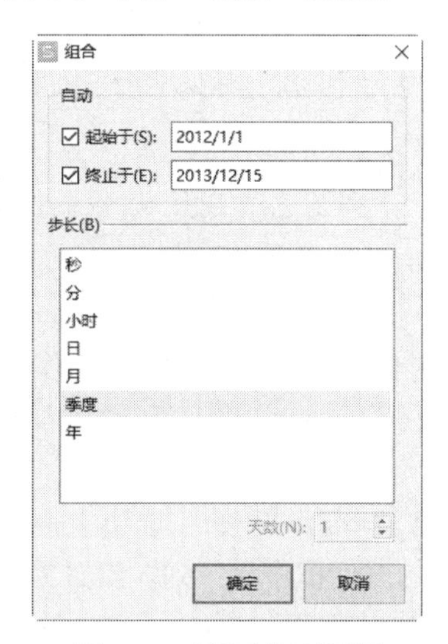

图 3-62 “组合”对话框

（7）单击“保存”按钮，保存该工作簿。

三、演示文稿题

具体操作步骤如下：

（1）启动 WPS Office 应用程序，新建一个演示文稿。

（2）选中第一张幻灯片，单击“开始”选项卡→“版式”下拉按钮，在弹出的下拉列表中选择“标题幻灯片”命令。单击“开始”选项卡→“新建幻灯片”下拉按钮，在弹出的下拉列表中选择“标题和文本”命令，创建第二张幻灯片。按照同样的方式新建其他四张幻灯片，并且在这四张中要有不同于“标题幻灯片”和“标题和内容”版式的幻灯片。

（3）单击“插入”选项卡→“艺术字”下拉按钮，在弹出的下拉列表中选择一种适合的样式，然后在出现的“请在此放置您的文字”占位符中清除原有文字，重新输入“爱护环境”字样，然后将艺术字拖动至恰当位置处。在“单击此处添加标题”占位符中输入标题名“沙尘暴简介”，并为其设置恰当的字体字号以及颜色。选中标题，单击“开始”选项卡→“字体”下拉列表中选择“华文琥珀”，在“字号”下拉列表中选择“60”，在“字体”颜色下拉列表中选择“深蓝”。单击“设计”选项卡→“导入模板”按钮，打开“应用设计模板”对话框，选择考试文件夹下的“风景 .thmx”主题，设置主题。

（4）选中第二张幻灯片，在对应的标题区域输入素材中“沙尘暴的分类”字样，设置字体字号以及颜色分别为“黑体”、“36”以及“蓝色”。再选中内容区域。单击“插入”选项卡→“智能图形”按钮，在弹出的“智能图形”对话框中选择“层次结构”中的“组织结构图”。选中第三行第一个矩形框，单击“设计”选项卡→“添加项目”下拉按钮，在弹出的下拉菜单中选择“在前面添加项目”命令，添加完毕后结构图中又多出一矩形框，删除第二行第一个矩形框。制作好相应的层次结构图后，输入素材中“沙尘暴的分类”对应的层次内容标题。

（5）依次对剩余的幻灯片填充素材中相应的内容。选中第二张幻灯片中“按过程分”，单击“插入”选项卡“超链接”按钮，弹出“插入超链接”对话框。单击“链接到”组中的“本文档中的位置”按钮，在对应的界面中选择“按过程分”。单击“确定”按钮。采用同样的方式对第二张幻灯片中的“按能见度分”设置超链接。单击“确定”按钮。

（6）选择为第二张幻灯片中的层次结构图设置动画效果。选中结构图，单击“动画”选项卡→“旋转”动画按钮。按照同样的方式再为第三张幻灯片中的图片设置动画效果为“轮子”。选中第四张幻灯片，单击“切换”选项卡→“百叶窗”按钮，按照同样的方式再为第五张幻灯片设为“随机线条”切换效果。单击“放映”选项卡→“放映设置”按钮。在弹出的对话框中的“放映类型”组中单击选择“展台自动循环放映”选项按钮，然后单击“确定”按钮。

（7）选中第一张幻灯片，单击“插入”选项卡→“音频”按钮，在下拉列表中选择“嵌入音频”，弹出“插入音频”对话框。选择素材中的音频“月光”后单击“插入”即可设置成功。在“音频工具”选项卡中，选中“跨幻灯片播放：至”选项按钮，并勾选“放映时隐藏”复选框，即可在演示的时候全程自动播放背景音乐。

（8）单击“保存”按钮将制作完成的演示文稿以“沙尘暴简介 .pptx”为文件名进行保存。

3.10　WPS Office 高级应用与设计上机操作题（10）

3.10.1　WPS Office 高级应用与设计上机操作题

一、字处理题

某单位财务处请小张设计《经费联审结算单》模板，以提高日常报账和结算单审核效率。

请根据素材文件夹下“WPS 文字素材 1.docx”和“WPS 表格素材 2.xlsx”文件完成制作任务，具体要求如下：

（1）将素材文件“WPS 文字素材 1.docx”另存为“结算单模板 .docx”，保存于素材文件夹下，后续操作均基于此文件。

（2）将页面设置为 A4 幅面、横向，页边距均为 1 厘米。设置页面为两栏，栏间距为 2 字符，其中左栏内容为《经费联审结算单》表格，右栏内容为《××研究所科研经费报账须知》文字，要求左右两栏内容不跨栏、不跨页。

（3）设置《经费联审结算单》表格整体居中，所有单元格内容垂直居中对齐。参考素材文件夹下“结算单样例 .jpg”所示，适当调整表格行高和列宽，其中两个“意见”的行高不低于 2.5 厘米，其余各行行高不低于 0.9 厘米。设置单元格的边框，细线宽度为 0.5 磅，粗线宽度为 2.25 磅。

（4）设置《经费联审结算单》标题（表格第一行）水平居中，字体为小二、华文中宋，其他单元格中已有文字字体均为小四、仿宋、加粗；除“单位：”为左对齐外，其余含有文字的单元格均为居中对齐。表格第二行的最后一个空白单元格将填写填报日期，字体为四号、楷体，并右对齐；其他空白单元格格式均为四号、楷体、左对齐。

（5）《××研究所科研经费报账须知》以文本框形式实现，其文字的显示方向与《经费联审结算单》相比，逆时针旋转 90 度。

（6）设置《××研究所科研经费报账须知》的第一行格式为小三号字、黑体、加粗，居中；第二行格式为小四、黑体，居中；其余内容为小四、仿宋，两端对齐、首行缩进 2 字符。

（7）将“科研经费报账基本流程”中的四个步骤改用“垂直流程”智能图形显示，颜色为“强调文字颜色 1”，样式为“简单填充”。

（8）“WPS 表格素材 2.xlsx”文件中包含了报账单据信息，需使用“结算单模板 .docx”自动批量生成所有结算单。其中，对于结算金额为 5 000 元（含）以下的单据，“经办单位意见”栏填写“同意，送财务审核。”；否则填写“情况属实，拟同意，请所领导审批。”。另外，因结算金额低于 500 元的单据不再单独审核，需在批量生成结算单据时将这些单据记录自动跳过。生成的批量单据存放在素材文件夹下，以“批量结算单 .docx”命名。

二、电子表格题

小赵是一名参加工作不久的大学生。他习惯使用 WPS 表格来记录每月的个人开支情况，在 2013 年底，小赵将每个月各类支出的明细数据录入了文件名为“开支明细表 .xlsx”的 WPS 工作簿文档中。请你根据下列要求帮助小赵对明细表进行整理和分析：

（1）在工作表“小赵的美好生活”的第一行添加表标题“小赵 2013 年开支明细表”，并通过合并单元格，放于整个表的上端、居中。

（2）将工作表增大字号，适当加大行高列宽，设置居中对齐方式，除表标题“小赵 2013 年开支明细表”外为工作表分别增加恰当的边框和底纹以使工作表更加美观。

（3）将每月各类支出及总支出对应的单元格数据类型都设为“货币”类型，无小数、有人民币货币符号。

（4）通过函数计算每个月的总支出、各个类别月均支出、每月平均总支出；并按每个月总支出升序对工作表进行排序。

（5）利用“条件格式”功能：将月单项开支金额中大于 1000 元的数据所在单元格以不同的字体颜色与填充颜色突出显示；将月总支出额中大于月均总支出 110% 的数据所在单元格以另一种颜色显示，所用颜色深浅以不遮挡数据为宜。

（6）在“年月”与“服装服饰”列之间插入新列“季度”，数据根据月份由函数生成，例如：1 ～ 3 月对应“1 季度”、4 ～ 6 月对应“2 季度”……

（7）复制工作表“小赵的美好生活”，将副本放置到原表右侧；改变该副本表标签的颜色，并重命名为“按季度汇总”；删除“月均开销”对应行。

（8）通过分类汇总功能，按季度升序求出每个季度各类开支的月均支出金额。

（9）在“按季度汇总”工作表后面新建名为“折线图”的工作表，在该工作表中以分类汇总结果为基础，创建一个带数据标记的折线图，水平轴标签为各类开支，对各类开支的季度平均支出进行比较，给每类开支的最高季度月均支出值添加数据标签。

三、演示文稿题

在会议开始前，市场部助理小王希望在大屏幕投影上向与会者自动播放本次会议所传递的办公理念，按照如下要求完成该演示文稿的制作：

（1）打开“WPS 演示素材 .pptx”文件，将其另存为“WPS 演示 .pptx”（“.pptx”为扩展名），之后所有的操作均基于此文件。

（2）将演示文稿中第一张幻灯片的背景图片应用到第二张幻灯片。

（3）将第二张幻灯片中的“信息工作者”“沟通”“交付”“报告”“发现”五段文字内容转换为“射线循环”智能图形布局，更改智能图形的颜色，并设置该智能图形样式为“强烈效果”。调整其大小，并将其放置在幻灯片页的右侧位置。

（4）为上述智能图形智能图示设置由幻灯片中心进行“缩放”的进入动画效果。

（5）在第五张幻灯片中插入“饼图”图形，用以展示如下沟通方式所占的比例。为饼图添加系列名称和数据标签，调整大小并放于幻灯片适当位置。设置该图表的动画效果为按类别逐个扇区上浮进入效果。

消息沟通　24%

会议沟通　36%

语音沟通　25%

企业社交　15%

（6）将文档中的所有中文文字字体由“宋体”替换为“微软雅黑”。

（7）为了实现幻灯片可以在展台自动放映，设置每张幻灯片的自动放映时间为 10 秒钟。

3.10.2 WPS Office 高级应用与设计上机操作题解析

一、字处理题

具体操作步骤如下：

（1）打开素材文件夹下的“WPS 文字素材 1.docx”文档。

（2）单击“文件”选项卡→“另存为”命令，打开“另存为”对话框，设置“文件名”

为“结算单模板”，保存类型为“Microsoft Word 文件 (*.docx)”，存储路径为素材文件夹。设置完成后单击“保存”按钮，自动打开文档“结算单模板”。

（3）在“页面布局”选项卡中，设置“纸张方向”为“横向”，在“上”“下”“左”“右”微调框中都设置为“1”。按 <Ctrl+A> 组合键选中文档所有内容，单击“分栏”下拉列表中的“更多分栏”选项，打开“分栏”对话框。单击“预设”组选择“两栏”按钮，然后将“宽度和间距”组第一行“间距”对应的微调框设置为“2”，如图 3-63 所示。设置完毕后单击“确定”按钮。将光标定位到“× × 研究所科研经费报账须知”前，单击“插入”选项卡→“分页”下拉列表中的“分栏符”选项。

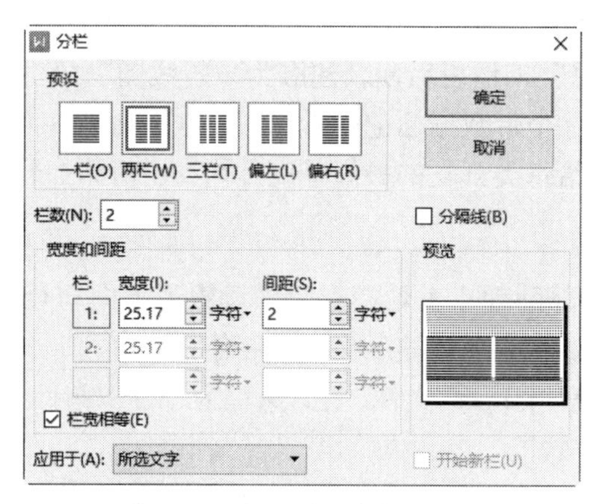

图 3-63 设置“分栏”对话框

（4）单击表格左上角的十字箭头按钮，选中整张表格，单击“开始”选项卡→“居中”按钮，使表格居中；单击上下文工具“表格工具”选项卡→“对齐方式”下拉按钮，选择“水平居中”选项。使表格内容在水平和垂直方向均居中；在“表格工具”选项卡中，“高度”微调框设置为“0.9”。选中两个“意见”行，按上述方式设置高度为“2.5”。参照素材文件夹下“结算单样例 .jpg”文档，适当调整表格其余的行高和列宽。参照“结算单样例 .jpg”文档，调整表格边框线粗细。

（5）选中表格第一行文字，在“开始”选项卡中，设置“字体”为“华文中宋”，“字号”为“小二”。按住 <Ctrl> 键，选择表格中的其他文字，在“开始”选项卡中，设置“字体”为“仿宋”，“字号”为“小四”，单击“加粗”按钮。选择表格中文字“单位：”，在“开始”选项卡中，单击“左对齐”按钮。选中表格第二行的最后一个空白单元格，按上述方法设置其字体字号为“楷体”和“四号”，并右对齐。按住 <Ctrl> 键，选中所有其余的空白单元格，按上述方法设置其字体字号为“楷体”和“四号”，并左对齐。

（6）选中《× × 研究所科研经费报账须知》的所有文本，单击“插入”选项卡→“文本框”下拉列表中的“竖项”选项。单击“文本工具”选项卡→“文本效果”下拉按钮，选择“更多设置”选项。在右侧出现“属性”任务窗格，单击选中“文本框”，在“文本框”组下设置“文字方向”为“所有文字逆时针旋转 90°”选项，如图 3-64 所示。

（7）选中《× × 研究所科研经费报账须知》的第一行，在“开始”选项卡中，设置“字体”为“黑体”，“字号”为“小三”，单击“加粗”按钮，单击“水平居中”按钮。选中第二行，按上述方法将其字体、字号、对齐方式分别设置为“小四”“黑体”“水平居中”。

选中其余文字，按上述方法将其字体、字号、对齐方式分别设置为“小四”“仿宋”“两端对齐”；选中其余文字，右击，在弹出的快捷菜单中选择“段落”，弹出“段落”对话框，在“缩进”组中，选择“特殊格式”下拉列表框中的“首行缩进”选项，并在右侧对应的“磅值”下拉列表框中选择“2”选项，设置完毕后单击“确定”按钮。

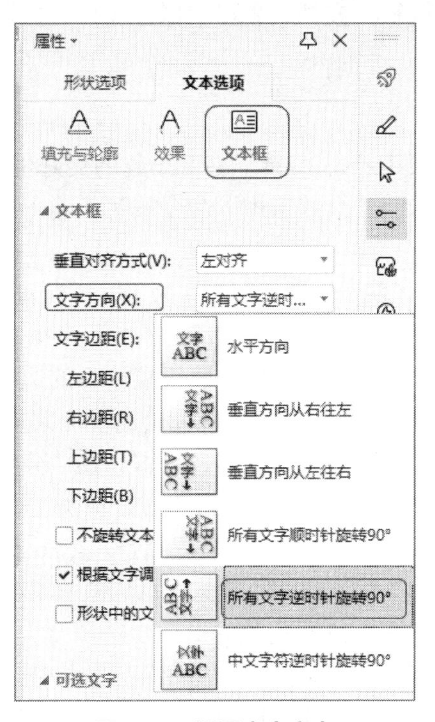

图 3-64 设置文字方向

（8）将光标定位到“科研经费报账基本流程”后，按 <Enter> 键另起一行。单击“插入”选项卡→“智能图形”按钮，选择“基本流程”，选中流程图对象的最后一个项目图形，单击“设计”选项卡→“添加项目”下拉按钮，在列表中选择“在后面添加项目”，依次在每个项目图形中输入文本内容；选中图形对象，单击“设计”选项卡→“更改颜色”下拉按钮，在列表中选择“着色 1”下的第一种颜色。选中图形对象，参考“结算单样例 .jpg”文件，适当调整图形大小与位置。

（9）单击“引用”选项卡→“邮件”按钮，在“邮件合并”选项卡下，单击“打开数据源”按钮，在打开的“插入数据源”对话框中，选中考生文件夹下的文件“WPS 表格素材 2.xls”文件，单击“打开”按钮。将光标置于“单位 :”之后的单元格中，单击“插入合并域”按钮，在打开的“插入域”对话框中选择“单位”，单击“插入”按钮，单击“关闭”按钮。用同样的方法添加其他合并域。将光标置于“经办单位意见”右侧单元格中输入如图 3-65 所示的代码。单击“邮件合并”选项卡→“收件人”按钮，在收件人列表中取消勾选“500 元以下”的收件人，然后单击“确定”按钮。单击“邮件合并选项卡”→“合并到新文档”按钮，在打开的“合并到新文档”对话框中，选中“全部”，然后单击“确定”按钮。将新生成的文档保存到考生文件夹下并命名为“批量结算单 .docx”。

```
{·IF·«金额（小写）»·<=·5000·"同意，送财务审核
"·"情况属实，拟同意，请所领导审批"·}
```

图 3-65　代码

（10）切换至“结算单模板”文档，单击“保存”按钮，保存文档。

二、电子表格题

具体操作步骤如下：

（1）打开“开支明细表.xlsx”工作簿。在“小赵的美好生活”工作表中选择“A1:M1”单元格，单击“开始”选项卡→“合并居中”命令按钮，输入“小赵 2013 年开支明细表”，按 <Enter> 键完成输入。

（2）选择 A1:M1 单元格区域，设置“字号”为 18，“行高”设置为 35。选择“A2:M15”单元格，将“字号”设置为 16，将“行高”设置为 25，“列宽”设置为 15。打开“单元格格式”对话框，“水平对齐”设置为“居中”，设置恰当的边框和底纹。

（3）选择 B3:M15，在选定内容上右击，在弹出的快捷菜单中选择“设置单元格格式”，弹出“单元格格式”对话框，切换至“数字”选项卡，在“分类”下选择“货币”，将“小数位数”设置为 0，确定“货币符号”为人民币符号，单击“确定”按钮。

（4）选择 M3 单元格，输入“=SUM(B3:L3)”后按 <Enter> 键确认，拖动 M3 单元格的填充柄填充至 M15 单元格；选择 B3 单元格，输入“=AVERAGE(B3:B14)”后按 <Enter> 键确认，拖动 B15 单元格的填充柄填充至 L15 单元格。

选择“A2:M14”，单击“开始”选项卡→“排序”下拉按钮，在列表中选择“自定义排序”命令，弹出“排序”对话框，在“主要关键字”中选择“总支出”，在“次序”中选择“升序”，单击“确定”按钮。

（5）选择“B3:L14”单元格，单击“开始”选项卡→“条件格式”下拉按钮，在下拉列表中选择“突出显示单元格规则”子菜单中的“大于”选项，在“为大于以下值的单元格设置格式”文本框中输入 1 000，使用默认设置“浅红填充色深红色文本”，单击“确定”按钮。

选择“M3:M14”单元格，单击“开始”选项卡→“条件格式”下拉按钮，在弹出的下拉列表中选择“突出显示单元格规则”子菜单中的“大于”选项，在“为大于以下值的单元格设置格式”文本框中输入“=$M$15*110%”，设置颜色为“黄填充色深黄色文本”，单击“确定”按钮。

（6）选择 B 列，鼠标定位在列号上，右击弹出快捷菜单，选择“插入”按钮，选择 B2 单元格，输入文本“季度”。选择 B3 单元格，输入“=INT(1+(MONTH(A3)-1)/3)&" 季度 "”，按 <Enter> 键确认。拖动 B3 单元格的填充柄将其填充至 B14 单元格。

（7）在“小赵的美好生活”工作表标签处右击，在弹出的快捷菜单中选择“移动或复制工作表”选项，在弹出的“移动或复制工作表”对话框中勾选“建立副本”，选择“（移至最后）”，单击“确定”按钮。在“小赵的美好生活（2）”标签处右击，在弹出的快捷菜单中选择工作表标签颜色，为工作表标签添颜色设置为“红色”。在“小赵的美好生活（2）”标签处右击选择“重命名”，输入文本“按季度汇总”后回车；选择“按季度汇总”

工作表的第 15 行，鼠标定位在行号处，右击，在弹出的快捷菜单中选择“删除”按钮。

（8）选择“按季度汇总”工作表的“A2:N14”单元格，单击“数据”选项卡→“分类汇总”按钮，弹出“分类汇总”对话框，在“分类字段”中选择“季度”在“汇总方式”中选择“平均值”，在“选定汇总项中”不勾选“年月”“季度”“总支出”，其余全选，单击“确定”按钮。

（9）单击“按季度汇总”工作表左侧的标签数字 2（在全选按钮左侧）。选择“B2:M18”单元格，单击“插入”选项卡→“折线图”右侧的下拉箭头，选择“带数据标记的折线图”命令。选择图表，单击“图表工具”选项卡“切换行列”命令，使图例为各个季度。选中 4 季度的折线，单击“图表工具”选项卡→“添加元素”下拉箭头，选择“数据标签”子菜单“上方”命令按钮添加数据标签。在图表上右击，在弹出的快捷菜单中选择“移动图表”，弹出“移动图表”对话框，选中“新工作表”按钮，输入工作表名称“折线图”，单击“确定”按钮。选择“折线图”工作表标签，右击，在弹出的快捷菜单中选择“工作表标签颜色”，为工作表标签设置颜色为“蓝色”。在标签处右击选择“移动或复制”按钮，在弹出的“移动或复制工作表”对话框中勾选“移至最后”复选框，单击“确定”按钮。

（10）单击“保存”按钮，保存该工作簿。

三、演示文稿题

具体操作步骤如下：

（1）打开“WPS 文稿素材 .pptx”演示文稿，单击“文件”选项卡→“另存为”按钮，弹出“另存为”对话框，在该对话框中将“文件名”设为“WPS 文稿”，单击“保存”按钮。

（2）单击“视图”选项卡→“幻灯片母版”按钮，切换到幻灯片母版视图。选中第一张幻灯片（母版视图中是第二张），在右侧幻灯片中右击，在弹出的快捷菜单中选择“背景另存为图片”，弹出“另存为图片”对话框，将图片保存到考试文件夹中。单击“幻灯片母版”选项卡→“关闭”按钮。选中第二张幻灯片，单击“设计”选项卡→“背景”下拉按钮，在列表中选择“背景”，在右侧显示“对象属性”任务窗格，在“填充”下选择“图片或纹理填充”，单击“图片填充”右侧“请选择图片”下拉箭头，选择“本地文件”，弹出“选择纹理”对话框，选择考试文件夹下步骤二保存的图片文件，单击“打开”按钮。

（3）选中第二张幻灯片中的“信息工作者”“沟通”“交付”“报告”“发现”五段文字所在的文本框。单击“开始”选项卡→“转智能图形”按钮，在弹出的快捷菜单中选择“更多智能图形”，弹出“选择智能图形”对话框，在左侧列表框中选择“循环”，在右侧列表框中选择“射线循环”，单击“插入”按钮。单击“智能图形工具”选项卡→“更改颜色”下拉按钮，在弹出的下拉列表中选择“彩色”下的任一样式。选中智能图形，适当调整图形大小，并将图形移动到幻灯片的右侧位置。

（4）选中创建完成的智能图形，单击“动画”选项卡→“进入”动画效果为“缩放”，单击“动画属性”下拉箭头按钮，在弹出的下拉列表中，选择“从屏幕中心放大”。在“开始播放”下单击“单击时”下拉箭头，在列表中选择“在上一动画之后”。

（5）选中第五张幻灯片，单击“插入”选项卡→“图表”按钮，弹出“插入图表”对话框，在左侧列表框中选择“饼图”，双击右侧列表中的“饼图”。选中图表，单击“编辑数据”

按钮，打开 WPS 工作簿，在工作表的数据编辑区输入相应的数据，同时在 B1 单元格中输入“所占比例”，输入完成后，关闭 WPS 工作簿。饼图图表处于选择状态，单击在“图表工具”选项卡→“快速布局”下拉箭头，在列表中选择“布局 1”样式。单击“动画”选项卡→“上升”进入动画效果。适当调整图表大小，并将图表移动到幻灯片的合适位置。

（6）单击“开始”选项卡→“替换”右侧的下拉箭头，在弹出的下拉列表中选择“替换字体”命令，弹出“替换字体”对话框，在“替换”列表框中选择“宋体”，在“替换为”列表框中选择“微软雅黑”，单击“替换”按钮。

（7）在“切换”选项卡，设置自动换片时间为 10 秒，并勾选前面复选框，取消“单击鼠标时换片”复选框，单击“应用到全部”按钮。单击“放映”选项卡→“放映设置”按钮，弹出“设置放映方式”对话框，在“放映类型”组中选择“展台自动循环放映（全屏幕）”单选按钮，单击“确定”按钮。

（8）单击“保存”命令按钮，保存该演示文稿。

附录A 全国计算机等级考试二级 WPS Office高级应用与设计 考试大纲（2023年版）

A.1 基本要求

1. 正确采集信息并能在WPS中熟练应用。
2. 掌握WPS处理文字文档的技能，并熟练应用于编制文字文档。
3. 掌握WPS处理电子表格的技能，并熟练应用于分析计算数据。
4. 掌握WPS处理演示文稿的技能，并熟练应用于制作演示文稿。
5. 掌握WPS处理PDF文件的技能，并熟练应用于处理版式文档。
6. 掌握WPS在线办公的技能，并了解相关产品功能和应用场景。

A.2 考试内容

一、WPS综合应用基础

1. WPS功能界面和窗口视图设置。
2. 文件的新建、保存、加密、打印等基本操作。
3. PDF的阅读、批注、编辑、处理、保护、转换等操作。
4. WPS在线办公的概念，在文档上云、共享协作、创新应用等相关产品功能。

二、WPS处理文字文档

1. 文档的创建、输入编辑、查找替换、打印等基本操作。
2. 设置字体和段落格式、应用文档样式和主题、调整页面布局等排版操作。
3. 文档中表格的制作与编辑。
4. 文档中图形、图像（片）对象的编辑和处理，文本框和文档部件的使用，符号与数学公式的输入与编辑。
5. 文档的分栏、分页和分节操作，文档页眉、页脚的设置，文档内容引用操作。
6. 文档审阅和修订。
7. 利用邮件合并功能批量制作和处理文档。
8. 多窗口和多文档的编辑，文档视图的使用。
9. 分析图文素材，并根据需求提取相关信息引用到WPS文字文档中。

三、WPS 处理数据表格

1. 工作簿和工作表的基本操作，工作视图的控制，工作表的打印和输出。
2. 工作表数据的输入和编辑，单元格格式化操作，数据格式的设置。
3. 数据的排序、筛选、对比、分类汇总、合并计算、数据有效性和模拟分析。
4. 单元格的引用，公式、函数和数组的使用。
5. 表的创建、编辑与修饰。
6. 数据透视表和数据透视图的使用。
7. 工作簿和工作表的安全性和跟踪协作。
8. 多个工作表的联动操作。
9. 分析数据素材，并根据需求提取相关信息引用到 WPS 表格文档中。

四、WPS 设计演示文稿

1. 演示文稿的基本功能和基本操作，幻灯片的组织与管理，演示文稿的视图模式和使用。
2. 演示文稿中幻灯片的主题应用、背景设置、母版制作和使用。
3. 幻灯片中文本、艺术字、图形、智能图形、图像（片）、图表、音频、视频等对象的编辑和应用。
4. 幻灯片中对象动画、幻灯片切换效果、链接操作等交互设置。
5. 幻灯片放映设置，演示文稿的打包和输出。
6. 分析图文素材，并根据需求提取相关信息引用到 WPS 演示文档中。

A.3 考试方式

上机考试，考试时长 120 分钟，满分 100 分。

1. 题型及分值

单项选择题 20 分（含公共基础知识部分 10 分）。

WPS 处理文字文档操作题 30 分。

WPS 处理电子表格操作题 30 分。

WPS 处理演示文稿操作题 20 分。

2. 考试环境

操作系统：中文版 Windows 7 或以上，推荐 Windows 10。

考试环境：WPS 教育考试专用版。

附录B 考前须知

1．软件环境

操作系统：中文版 Windows 7 或以上，推荐 Windows 10。

考试环境： WPS 教育考试专用版。

2．考试时间

WPS Office 无纸化考试时间定为 120 分钟。考试时间由考试系统自动进行计时，在结束前 5 分钟会自动提醒考生及时存盘，考试时间用完，考试系统将自动锁定计算机，考生将不能再继续考试。

3．考试题型及分值

WPS Office 无纸化考试试卷满分为 100 分，共有四种类型考题：

（1）选择题（20 分，含公共基础知识 10 分）

（2）字处理操作题（30 分）

（3）电子表格操作题（30 分）

（4）演示文稿操作题（20 分）

4．系统登录

在系统启动后，出现登录过程。在登录界面中，考生需要输入自己的准考证号，并需要核对身份证号和姓名的一致性。登录信息确认无误后，系统会自动随机地为考生抽取试题。当考试系统抽取试题成功后，在屏幕上会显示考生须知信息，考生必须先阅读该信息并同意，然后单击“开始答题并计时”按钮开始考试并计时。如果出现需要密码登录信息，则根据具体情况由监考老师来输入密码。

5．试题内容查阅

在系统登录完成以后，系统为考生抽取一套完整的试题。系统环境也有了一定的变化，考试系统将自动在屏幕中间生成装载试题内容查阅工具的考试窗口，并在屏幕顶部始终显示考生的准考证号、姓名、考试剩余时间以及可以随时显示或隐藏试题内容查阅工具和退出考试系统进行交卷的按钮的窗口，对于最左面的“显示窗口”字符表示屏幕中间的考试窗口正处于被隐藏状态，单击“显示窗口”字符时，屏幕中间就会显示考试窗口，且“显示窗口”字符变成“隐藏窗口”。在考试窗口中单击“选择题”“WPS 文字”、“WPS 表格”和“WPS 演示”按钮，可以分别查看各个题型的题目要求。当试题内容查阅窗口中显示上下或左右滚动条时，表明该试题查阅窗口中试题内容不能完全显示，因此考生可单击滚动条进行移动显示余下的试题内容，防止漏做试题从而影响考试成绩。

6. 选择题

当考生系统登录成功后，在试题内容查阅窗口中单击“选择题”按钮，然后单击“开始作答”按钮，启动选择题测试程序，按照题目上的内容进行答题。作答选择题时键盘被封锁，使用键盘无效，考生须使用鼠标答题。选择题作答结束后考生不能再次进入。

7. 交卷

如果考生要提前结束考试进行交卷处理，则请在屏幕顶部的浮动窗口中单击“交卷”按钮。考试系统将检查是否存在未作答的文件，如存在会给出未作答文件名提示，否则会给出是否要交卷处理的提示信息，此时考生如果选择“确定”按钮，则退出考试系统进行交卷处理。如果考生还没有做完试题，则单击“取消”按钮继续进行考试。

进行交卷处理时，系统首先锁住屏幕，并显示“系统正在进行交卷处理，请稍候！”，当系统完成交卷处理时，会在屏幕上显示“交卷正常，请输入结束密码：”或“交卷异常，请输入结束密码：”。